레시피 읽어주는 여자의
간단요리 레시피

레시피 읽어주는 여자의

간단요리 레시피

초판 인쇄일 2025년 1월 28일
초판 발행일 2025년 2월 20일

지은이 레시피 읽어주는 여자
발행인 박정모
발행처 도서출판 혜지원
등록번호 제9-295호
주소 경기도 파주시 회동길 445-4(문발동 638) 302호
전화 031)955-9221~5
팩스 031)955-9220
홈페이지 www.hyejiwon.co.kr
인스타그램 @hyejiwonbooks

기획 김태호
진행 김태호, 이찬희
디자인 김보리
영업마케팅 김준범, 서지영
ISBN 979-11-6764-081-9
정가 21,000원

레시피 읽어주는 여자의

간단요리 레시피

레시피 읽어주는 여자 지음

혜지원

Prologue

게으른 요리사

요리를 하고 싶어도 준비할 재료가 많고 과정이 복잡해서 망설이는 분들이 많죠. 저도 비슷한 생각이었어요. 그래서 과정은 간단하면서도 맛은 최대한 비슷하게 만들려고 많은 노력을 했어요.

저는 제 요리를 '게으른 요리사'를 위한 요리라고 부르고 싶어요. 집에 있는 재료들로 간단하게 제 요리를 따라 만들며, 많은 분이 새로운 요리 세계를 탐험하고 먹는 즐거움을 더욱 깊게 느낄 수 있기를 진심으로 바랍니다.

어릴 때부터 먹는 게 좋았어요

저는 어릴 때부터 음식을 너무 좋아했어요. 좋아하는 간식을 언니, 동생에게 빼앗길까 봐 몰래 먹기도 하고, 식당을 가면 메뉴판의 모든 메뉴를 다 먹어보고 싶어서 부모님께 떼를 쓰기도 했습니다(어른이 된 지금도 마찬가지여서 친구들이 기미상궁이라는 별명을 지어 주기도 했어요). 초등학교 때부터 제 주머니에는 늘 작은 젤리나 과자가 들어있었어요.

이러다 보니, 부모님께서는 걱정하는 마음에 음식 욕심이 많다며 저를 혼내기도 하고, 음식을 먹는 적정선을 제한하기도 하셨어요. 이런 환경에서 저는 자연스럽게 '한 입을 먹더라도 세상에서 제일 맛있게 먹어야지'라고 다짐하게 되었고, 맛있는 한 입을 위해 온갖 방법과 조합을 시도하는 어린이가 되었습니다.

맛있는 건 먹고 싶지만 귀찮은 건 싫은걸….

하지만 부끄럽게도 맛있는 것을 먹는 걸 좋아하는 만큼 부지런하지는 않았어요. 구독자 분들께서 저를 보고 나무늘보 닮았다는 말씀을 많이 하셨는데 그럴 때마다 제 가슴이 뜨끔

했답니다. 저는 집에 있는 걸 좋아하고 움직이는 걸 좋아하지 않는 집순이 나무늘보 같은 사람이거든요. 이러한 성향이 음식을 만들 때도 영향을 미쳤습니다.

저는 집에 있는 재료로 최대한 간단하게 제가 원하는 음식과 비슷한 맛이 나게끔 만들어 먹는 것을 좋아했습니다. 10가지 과정과 재료로 10점짜리 음식을 만드는 것보다는 5가지 과정과 재료로 8.5점짜리 음식을 만드는 것을 추구했어요. 이게 바로 지금의 '레시피 읽어주는 여자'의 시작점이랍니다.

레시피 읽어주는 여자의 시작점

이런 저의 게으른 성향과 최상의 조합을 탐구했던 경험을 바탕으로 유튜브 채널 '레시피 읽어주는 여자'를 시작하게 되었습니다. 유튜브를 통해 집에 있는 재료로 쉽게 만들 수 있는 요리 레시피를 소개하면서 저와 같은 고민을 가지고 계신 분이 많다는 사실을 깨달았어요. 수많은 요리를 공유하면서, 많은 분들께 요리에 대한 인식을 바꾸고 음식을 먹는 새로운 즐거움을 공유하면서 보람을 느꼈답니다. 이 책에는 이러한 제 경험과 구독자 분들의 고민이 바탕이 되어 탄생한 '간단하고 맛있는 요리' 123가지가 담겨 있어요. 구독자 분들이 극찬했던 레시피부터, 여태까지 공개하지 않았던 미공개 레시피도 많이 있답니다.

저처럼 맛있는 음식은 먹고 싶지만 귀찮은 걸 싫어하는 사람들도 요리에 흥미를 느끼고 즐길 수 있도록 만들었습니다. 부담스럽지 않은, 간단하고 맛있는 요리를 통해 여러분들과 함께하는 즐거운 시간을 만들어나가고 싶어요. 앞으로도 제가 알고 있는 모든 것을 여러분과 공유하며, 함께 더 많은 요리의 세계를 탐험해보고자 합니다.

이 책이 세상에 나올 수 있게 도와주신 구독자 분들, 그리고 책 출간 과정을 함께 이끌어 주신 조재홍, 정기주, 이혜영, 최근주, 조재영, 정다혜 님께 감사드립니다.

레시피 읽어주는 여자

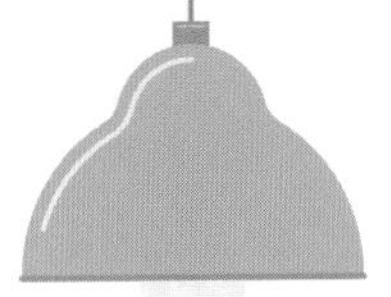

Contents

Part. 1
혼자서 간단하게

Part. 2
둘이서 더 맛있게

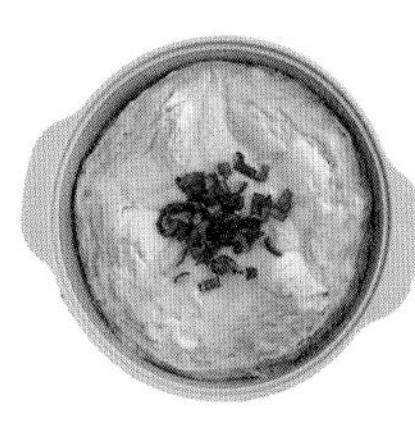

Part. 3
특별한 날 특별하게

Part. 4
손 까딱하기 싫은 날

Part. 5
밤은 늦었는데 출출할 때

Part. 6
주말 아침에 어울리는

Part. 7
밥 한 그릇 뚝딱 밑반찬

Part. 8
심심한 입을 달래주는

계량 및 조리도구

• 계량 스푼

일반적으로 사용하는 계량 스푼의 경우 테이블 스푼과 티스푼을 많이 사용합니다.

계량 스푼이 없는 분들을 위해 저는 집에 있는 일반 밥숟가락으로 계량을 했으니 아래 내용을 참고하여 계량해주세요.

종류	용량
테이블 스푼	15ml
일반 밥숟가락	10ml
티스푼	5ml

1큰술 일반 밥숟가락으로 뜬 1스푼보다 더 크게 떠서 듬뿍 담으세요.

1스푼 일반적인 밥숟가락을 사용해요.

스푼에 꽉 차도록 담아요.

위로 볼록하게 담아요.

위로 볼록하게 담아요.

티스푼 일반 밥숟가락의 1/2 정도 크기의 스푼을 사용하세요.

• 계량 컵

계량 컵은 따로 사용하지 않고 종이컵과 소주컵을 이용해서 계량했습니다.

종류	용량
종이컵	180ml
일반 소주컵	50ml

1컵 일반 종이컵을 사용해요.

소주컵 일반 소주컵을 사용해요.

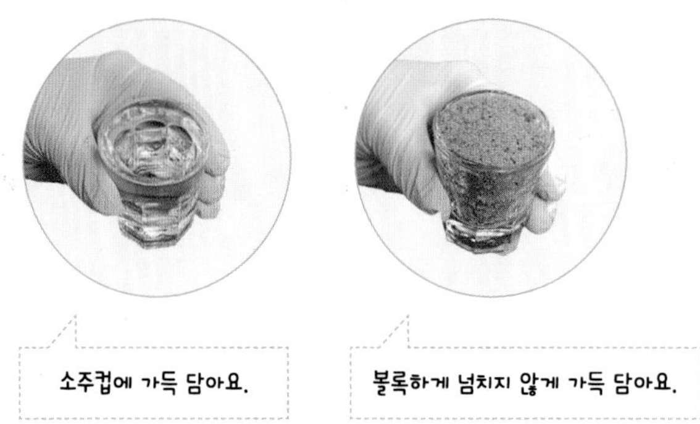

기타 계량 나머지는 꼬집과 줌으로 계량했습니다.

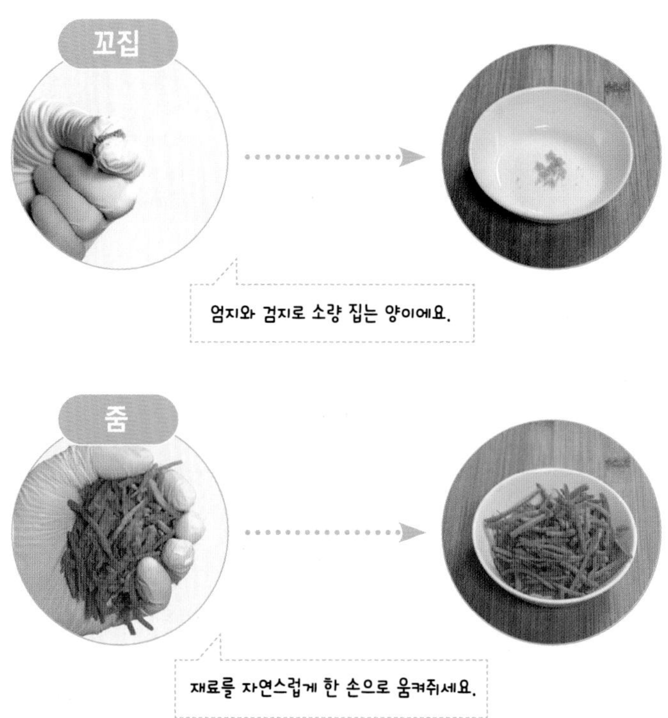

재료별 추천 요리

크림치즈

집에 '크림치즈'가 있다면 이 음식을 만들어보세요!

• 김치즈 파스타(54쪽)

• 김자반 크림치즈(204쪽)

• 베이컨 쪽파 크림치즈(206쪽)

• 토마토 갈릭 크림치즈 오픈토스트(208쪽)

• 가지 스프레드(222쪽)

• 곶감 크림치즈(264쪽)

라면

집에 '라면'이 있다면 이 음식을 만들어보세요!

• 매운 라면 마제소바(46쪽)

• 나폴리탄 볶음라면(282쪽)

게맛살

집에 '게맛살'이 있다면 이 음식을 만들어보세요!

• 게맛살 크림카레(40쪽)

• 게맛살 누룽지죽(42쪽)

• 게맛살 덮밥(168쪽)

• 라이스페이퍼 딤섬(창펀)(176쪽)

• 게맛살 양배추 계란프라이(182쪽)

• 게살 두부 유부초밥(200쪽)

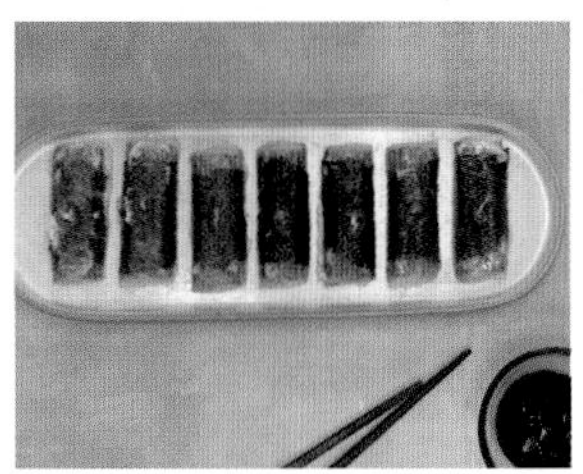

• 게맛살 깻잎전(226쪽)

라이스페이퍼

집에 '라이스페이퍼'가 있다면 이 음식을 만들어보세요!

• 라이스페이퍼 딤섬(창펀)(176쪽)

• 라이스페이퍼 누들볶이(286쪽)

두부&순두부

집에 '두부'나 '순두부'가 있다면 이 음식을 만들어보세요!

• 순두부 김국(26쪽)

• 순두부 된장찌개(62쪽)

• 순두부 장칼국수(64쪽)

• 참치쌈장 부추비빔밥(72쪽)

• 마파 순두부 조림(76쪽)

• 두부 스팸 고추장 짜글이(78쪽)

• 순두부 계란찜(130쪽)

• 연두부 튀김(174쪽)

• 게살 두부 유부초밥(200쪽)

• 순두부장(242쪽)

• 마라 두부(244쪽)

계란

집에 '계란'이 있다면 이 음식을 만들어보세요!

• 치즈 베이컨 계란말이밥(48쪽)

• 스크램블 토마토 계란 덮밥(74쪽)

• 순두부 계란찜(130쪽)

• 만두 간장 계란밥(142쪽)

• 알리오 올리오 프라이(152쪽)

• 김부각 계란죽(178쪽)

• 게맛살 양배추 계란프라이(182쪽)

• 아보카도 계란 치즈 토르티야(194쪽)

• 소시지 계란 김밥(202쪽)

• 계란볶이(238쪽)

닭고기

집에 '닭고기'가 있다면 이 음식을 만들어보세요!

• 로제 닭다리(56쪽)

• 닭볶음탕(90쪽)

• 닭 떡볶이(106쪽)

• 마라닭(108쪽)

• 누룽지 된장 백숙(116쪽)

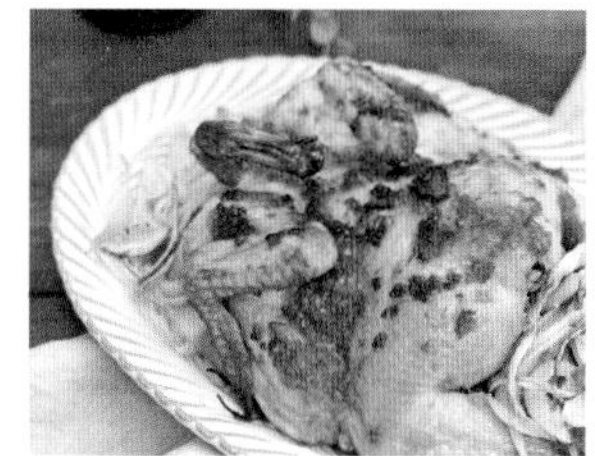

• 버터갈릭 로스트 치킨(118쪽)

• 오야코동(148쪽)

• 콩닭(246쪽)

참치캔

집에 '참치캔'이 있다면 이 음식을 만들어보세요!

• 참치 오코노미야키(38쪽)

• 참치쌈장 부추비빔밥(72쪽)

• 감태 참치마요(80쪽)

• 양배추 참치 덮밥(154쪽)

만두

집에 '만두'가 있다면 이 음식을 만들어보세요!

• 만두 간장 계란밥(142쪽)

• 매콤 치즈 만두밥(144쪽)

• 만두전골(186쪽)

재료별 추천 요리 한눈에 보기

재료	메뉴	위치
크림치즈	김치즈 파스타	54P
	김자반 크림치즈	204P
	베이컨 쪽파 크림치즈	206P
	토마토 갈릭 크림치즈 오픈토스트	208P
	가지 스프레드	222P
	곶감 크림치즈	264P
라면	매운 라면 마제소바	46P
	나폴리탄 볶음라면	282P
게맛살	게맛살 크림카레	40P
	게맛살 누룽지죽	42P
	게맛살 덮밥	168P
	라이스페이퍼 딤섬(창펀)	176P
	게맛살 양배추 계란프라이	182P
	게살 두부 유부초밥	200P
	게맛살 깻잎전	226P
라이스페이퍼	라이스페이퍼 딤섬(창펀)	176P
	라이스페이퍼 누들볶이	286P
두부&순두부	순두부 김국	26P
	순두부 된장찌개	62P
	순두부 장칼국수	64P
	참치쌈장 부추비빔밥	72P
	마파 순두부 조림	76P
	두부 스팸 고추장 짜글이	78P
	순두부 계란찜	130P
	연두부 튀김	174P
	게살 두부 유부초밥	200P
	순두부장	242P
	마라 두부	244P

재료	메뉴	위치
계란	치즈 베이컨 계란말이밥	48P
	스크램블 토마토 계란 덮밥	74P
	순두부 계란찜	130P
	만두 간장 계란밥	142P
	알리오 올리오 프라이	152P
	김부각 계란죽	178P
	게맛살 양배추 계란프라이	182P
	아보카도 계란 치즈 토르티아	194P
	소시지 계란 김밥	202P
	계란볶이	238P
닭고기	로제 닭다리	56P
	닭볶음탕	90P
	닭 떡볶이	106P
	마라닭	108P
	누룽지 된장 백숙	116P
	버터갈릭 로스트 치킨	118P
	오야코동	148P
	콩닭	246P
참치캔	참치 오코노미야키	38P
	참치쌈장 부추비빔밥	72P
	감태 참치마요	80P
	양배추 참치 덮밥	154P
만두	만두 간장 계란밥	142P
	매콤 치즈 만두밥	144P
	만두전골	186P

집에 재료가 있다면 만들어보세요!

Part. 1

혼자서 간단하게

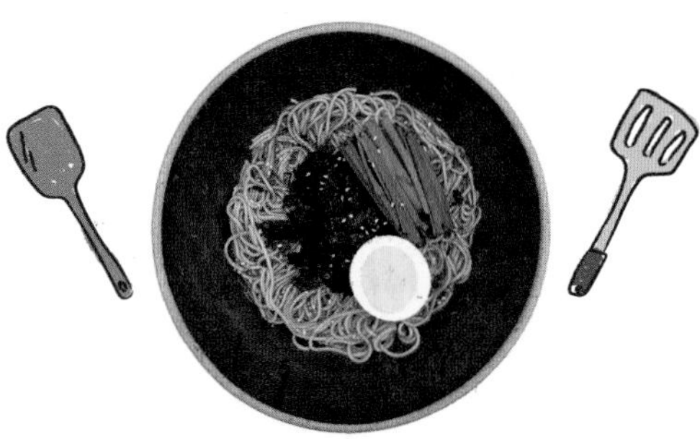

고깃집 볶음밥

소요 시간 : 30분  난이도 : 하

※ 남은 고기와 파채가 있다면 조리하기가 간편한 요리입니다.

우리는 고깃집에서 아무리 배 터지게 고기를 먹어도 볶음밥은 생략하지 않아요! 고기 먹고 나면 볶음밥 생각이 간절해지죠? 고깃집 볶음밥의 비결은 바로 고소한 돼지고기 기름이에요. 집에 있는 콩나물이나 깻잎 같은 남은 채소를 넣어주면 더 풍부한 맛을 즐길 수 있답니다. 간단한 레시피로 고깃집 못지않은 볶음밥을 만들어보세요!

재료 준비

[재료] □ 삼겹살 100g □ 김치 1컵 □ 밥 300g □ 대파 1대 □ 계란 1알(선택) □ 모차렐라치즈(선택) □ 김가루

[양념] □ 고춧가루 1/2스푼 □ 고추장 1/2스푼 □ 간장 1스푼 □ 설탕 1/2스푼 □ 참기름 1/2스푼 □ 깨

먼저 삼겹살을 구워줍니다. 삼겹살을 싫어한다면 다른 돼지 부위를 사용해도 괜찮습니다.

기름이 나오면, 대파 1컵을 잘게 썰어서 삼겹살과 같이 충분히 볶습니다. 향긋한 파 기름을 냅니다.

저는 고깃집 느낌을 내려고 파채를 사용했는데, 그냥 파를 잘게 다져서 사용하면 됩니다.

간장 1스푼을 넣어 간을 맞춥니다. 간장을 기름에 튀기듯이 한 번 볶은 후(풍미가 깊어집니다) 이 위에 잘게 자른 김치를 1컵 넣습니다.

김치의 양이 적기 때문에 번거롭게 칼과 도마를 사용하기보다는 작은 그릇에 담아 가위질하면 간편합니다.

김치가 익으면 내용물을 먹기 좋은 크기로 자릅니다.

기름이 부족하면 눌어붙기 쉬우니, 부족하다 싶으면 중간중간에 식용유를 1스푼씩 추가해주세요.

밥 1공기를 넣습니다. 밥알과 재료들이 골고루 어우러지게 섞어줍니다.

즉석밥을 사용한다면 일반 사이즈가 아닌 큰 햇반(300g)을 사용합니다. 주걱을 두 개 사용하거나 국자를 사용하면 밥알을 골고루 펴기 쉽습니다.

고추장 1/2스푼, 설탕 1/2스푼, 고춧가루 1/2스푼을 넣습니다. 골고루 볶다가 마지막으로 참기름을 조금 넣고 김가루와 깨를 뿌려 마무리합니다.

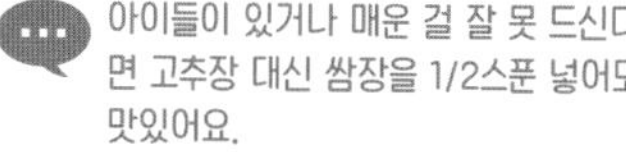

아이들이 있거나 매운 걸 잘 못 드신다면 고추장 대신 쌈장을 1/2스푼 넣어도 맛있어요.

김치가 많이 시다면 설탕을 1스푼 넣어주세요. 계란이나 모차렐라치즈를 추가해도 좋습니다.

오트밀 미역죽

소요 시간 : 20분 난이도 : 하

※ 어려운 과정 없이 쉽게 만들 수 있는 요리입니다.

365일 다이어트 중인 제 친구의 비밀 레시피를 공개합니다! 살이 빠질 수밖에 없는 메뉴인데, 맛이 이렇게 좋다니요?! 물론 맛있다고 너무 많이 먹으면 안 되는 건 아시죠? 오트밀 대신 밥을, 참치 대신 돼지고기를 넣어 칼로리를 채우면 몸이 안 좋을 때 먹기에도 좋습니다. 미역국 끓이기를 어려워하는 분들도 이 레시피라면 충분히 시도할 수 있어요!

재료 준비

[재료] □ 오트밀 50g □ 미역 5g □ 참치 1캔 □ 물 500ml

[양념] □ 국간장 1스푼 □ 액젓 1/2스푼 □ 참기름 □ 깨

1

냄비에 퀵오트밀과 자른 미역을 넣고 물 500ml를 넣어서 끓여주세요.

2

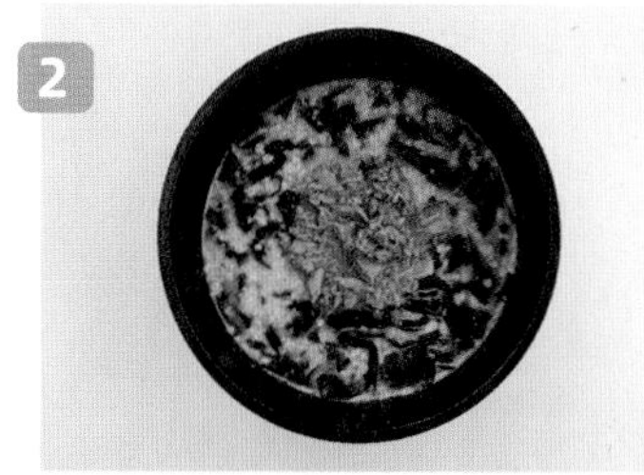

끓기 시작하면 기름기를 뺀 참치, 국간장 1스푼, 액젓 1/2스푼을 넣고 저으며 끓입니다.

3

액젓이 없다면 국간장만 넣어도 괜찮아요. 끓인 후 취향에 맞게 참기름과 깨를 뿌리기만 하면 완성이에요.

순두부 김국

소요 시간 : 8분 난이도 : 하

※ 재료들을 넣고 끓이기만 하면 완성되는 쉽고 빠른 메뉴입니다.

'가장 간단한 국'을 물었을 때 생각나는 메뉴입니다. 간단하면서 건강하고, 속도 편하면서 든든한 음식을 찾고 계신다면 한번 도전해보세요. 별다른 재료 필요 없이 순두부와 김을 넣고 보글보글 끓이기만 하면 완성이에요. 자극적이지 않아서 속이 아플 때 먹기도 좋고, 간을 조금 약하게 하면 어린이들이 먹기도 좋아요.

재료 준비

[재료] □ 다시마 2~3장 □ 조미김 1봉지 □ 순두부 1개 □ 대파 1/2대 □ 물 450ml

[양념] □ 다진 마늘 1스푼 □ 간장 2스푼 □ 액젓 1스푼 □ 참기름 1/2스푼

1

물 450ml와 다시마 2~3장을 넣고 끓이다가 끓기 시작하면 다시마를 건져주세요.

다시마가 없다면 육수 팩이나 다시다 등으로 대체해도 괜찮아요. 집에 있는 재료들만으로도 충분하니 부담 없이 즐겨보세요.

2

조미김 1봉지를 부숴 넣어주세요. 끓으면서 어느 정도 풀어지기 때문에 대충 몇 번 찢기만 해도 충분해요.

3

순두부 1개를 넣고 함께 끓여주세요.

잘라서 넣어도 좋지만, 설거지를 줄이고 싶다면 넣은 후 숟가락으로 숭덩숭덩 잘라도 좋습니다.

4

간장 2스푼과 액젓 1스푼으로 간하고, 대파 1/2대와 다진 마늘 1스푼을 넣은 후 한소끔 끓여 마무리해주세요. 그릇에 담은 후 먹기 전에 참기름을 한 바퀴 두르면 완성입니다.

팽이버섯 장조림

소요 시간 : 10분　　난이도 : 하

※ 조리 스킬이 크게 필요하지 않고, 재료들을 준비해서 충분히 익히기만 하면 완성되는 메뉴입니다.

조회수 1000만! 많은 분께서 맛있게 먹은 화제의 레시피입니다. 간단한 레시피지만 맛은 절대 단순하지 않아요! 팽이버섯의 오독한 식감에 달콤짭짤한 소스가 어우러져 어느새 밥 한 그릇을 뚝딱 비우게 될지도 몰라요. 위에 반숙 계란프라이를 올려 비벼 먹으면 고소함이 배가된답니다. 버섯 종류나 양념을 살짝 바꿔도 충분히 맛있으니, 입맛에 맞게 조절해보세요!

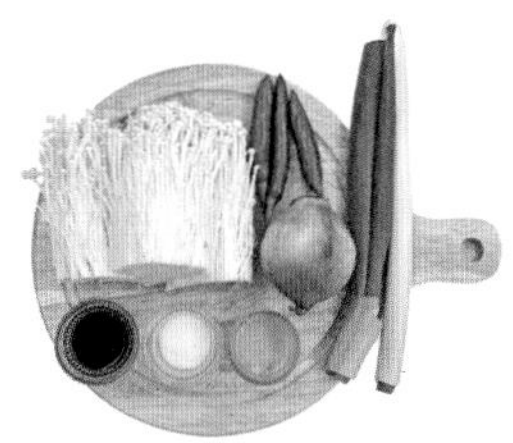

재료 준비

[재료] □ 팽이버섯 4개 □ 양파 1개 □ 대파 1대 □ 청양고추 2~3개 □ 계란노른자 1개

[양념] □ 설탕 1/2컵 □ 간장 2/3컵 □ 물 3컵 □ 참기름 1/2스푼 □ 깨 2꼬집

1 팽이버섯 4개의 밑동을 잘라주세요.

2 양파는 잘게 다지고, 대파는 얇게 썰어주세요.

3 냄비에 설탕 1/2컵과 간장 2/3컵을 넣고 물 3컵을 부어 끓여주세요. 양념이 끓기 시작하면 팽이버섯과 양파, 대파를 넣어주세요.

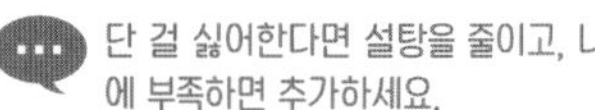

단 걸 싫어한다면 설탕을 줄이고, 나중에 부족하면 추가하세요.

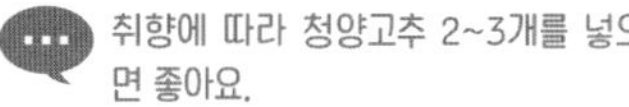

취향에 따라 청양고추 2~3개를 넣으면 좋아요.

4 버섯이 흐물흐물하게 다 익고 양념이 스며들 때까지 끓여주세요.

5 밥 위에 팽이버섯과 간장 국물을 올려 담아내고 계란노른자, 파, 참기름, 깨를 올리면 완성입니다.

비빔국수

소요 시간 : 10분 난이도 : 하

※ 국수를 삶은 다음 양념을 비비면 끝나는 간단한 메뉴입니다.

어릴 적 할머니께서 '어려워 보여도 알고 보면 쉬워'라며 뚝딱 음식을 만들어주셨던 기억이 나요. 비빔국수도 마찬가지로, 복잡한 과정 없이 초고추장에 집에 있는 양념 몇 가지를 더하면 근사한 한 그릇이 완성된답니다. 매실액을 넣어 상큼하게, 참기름과 설탕의 비율을 조절해 내 취향에 맞게 즐겨보세요!

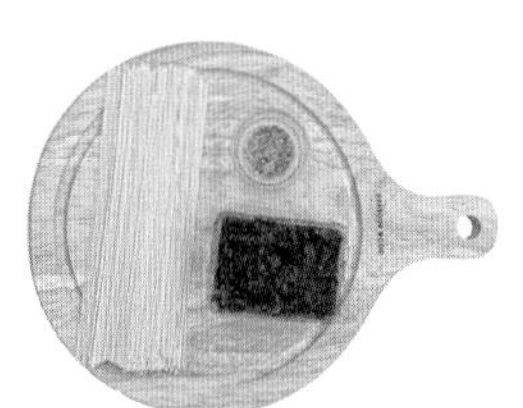

재료 준비

[재료] □ 국수 1인분(100g) □ 야채(선택) □ 조미김

[양념] □ 깨 2꼬집 □ 설탕 1스푼 □ 초고추장 3스푼 □ 참기름 2스푼

1 국수 1인분(100g)을 3분 30초간 삶아 주세요. 끓어오르면 찬물을 조금씩 부어 가며 넘치지 않게 해주세요.

2 찬물에 충분히 헹궈서 쫄깃하게 만든 다음 물기를 빼주세요.

3 초고추장 3스푼에 설탕 1스푼, 참기름 2스푼을 넣어 양념을 만들어주세요. 단맛을 싫어한다면 설탕을 빼거나 매실액으로 대체해도 좋아요.

4 양념을 그릇에 담고 면과 잘 비빈 후 조미김과 깨를 고명으로 올리면 완성입니다.

달걀이나 냉장고에 남은 자투리 채소(오이나 깻잎, 양배추나 상추)가 있다면 함께 올려도 좋아요.

당면만두

소요 시간 : 20분 난이도 : 중

※ 타지 않게 적절히 접어 뒤집는 것만 신경 쓴다면 크게 어려울 것이 없습니다.

어릴 때 엄마 손을 잡고 시장에 가면 지나칠 수 없었던 추억의 음식입니다. 집에 포장해 가서 케첩과 머스터드를 찍어 먹어도 맛있지만, 포장마차에 있는 간장 소스에 찍어 먹는 것도 별미였죠. 재료도 몇 가지 들어가지 않아요. 당면과 계란만 있으면 되고 다른 재료들은 냉장고에 있는 야채 중에 좋아하는 걸로 아무거나 넣으면 된답니다. 냉장고 자투리 야채들을 처리하고 싶은데 볶음밥은 조금 지겹다면 이 당면만두에 활용해보세요!

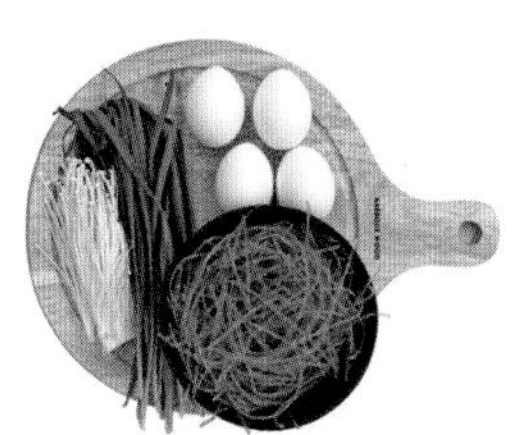

재료 준비

[재료] □ 당면 1줌(약 85g) □ 계란 4개 □ 부추 1줌 □ 팽이버섯 1개

[양념] □ 물 1스푼 □ 설탕 1스푼 □ 맛소금 1티스푼 □ 간장 2스푼 □ 고춧가루 1티스푼 □ 참기름 1/2스푼 □ 깨 2꼬집

1 끓는 물에 당면이 부드러워지도록 3~4분간 삶아주세요.

2 당면을 적당한 크기로 자른 후 계란 4개를 넣어주세요. 가위보다 칼로 자르는 게 더 쉽게 잘린답니다.

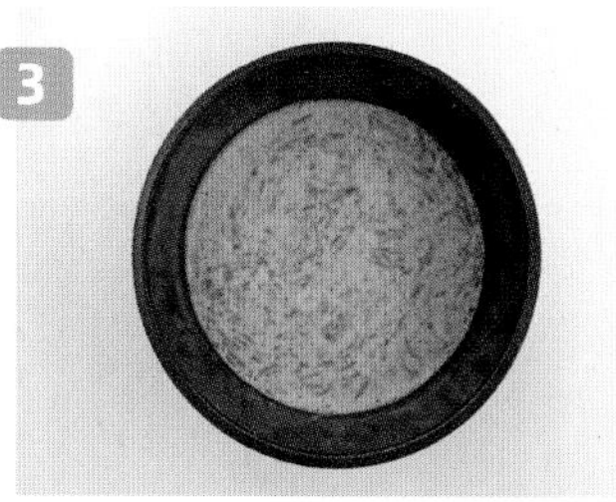

3 계란을 풀어서 당면과 섞어주세요.

4 부추 1줌과 팽이버섯, 혹은 냉장고에 있는 자투리 야채를 잘라 넣고 섞어주세요.

5 기름을 두른 팬에 반죽을 타원형으로 펼쳐주세요.

6 밑이 익으면 반으로 접어서 굽다가 한 번 뒤집어 구우면 완성입니다.

7 소스는 간장 2스푼, 물 1스푼, 참기름 1스푼, 고춧가루 1티스푼, 깨를 섞으면 됩니다. 재료가 없다면 케첩에 찍어 먹어도 맛있게 즐길 수 있습니다.

들기름 막국수

소요 시간 : 10분  난이도 : 하

※ 면을 삶은 다음 만들어둔 양념과 고명을 얹으면 끝나는 간단한 요리입니다.

막국수는 왠지 사 먹는 음식 같지만, 막상 만들어보면 너무 간단해서 '왜 진작 안 해 먹었지?' 싶은 요리예요. 저희 할머니가 종종 해주셨던 방법인데, 반숙 계란프라이도 좋지만, 익히지 않은 노른자를 얹으면 더 깔끔하고 고소하답니다. 간단하지만 자꾸 생각나는 그 맛, 한 번 만들어보면 분명 또 찾게 될 거예요!

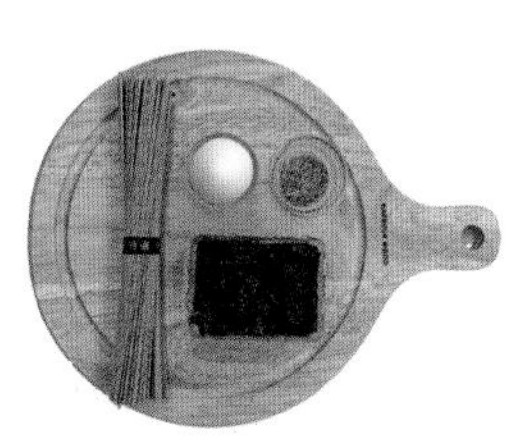

재료 준비

[재료] □ 막국수 1인분 □ 김(김밥용 큰 김 2~3장, 조미김은 6장 정도) □ 계란노른자 1개

[양념] □ 깨 3꼬집 □ 들기름 3스푼 □ 간장 3스푼 □ 매실액 1.5스푼 □ 다진 마늘 1/2스푼

1 냄비에 물을 붓고 끓으면 막국수 1인분을 4분간 삶아주세요.

2 면이 다 삶아지면 찬물에 여러 번 헹궈서 전분기를 제거하고 물기를 빼주세요.

3 들기름 3스푼, 간장 3스푼, 매실액 1.5스푼과 다진 마늘 1/2스푼으로 양념을 만들어주세요. 양념은 모두 넣지 않고 스푼으로 조금씩 넣으며 간을 조절하는 게 좋아요.

4 양념과 섞은 면을 그릇에 담고 김을 바싹 구운 다음 작게 부숴서 올리고 계란노른자도 올려주세요. 깨를 취향에 맞게 뿌리면 완성입니다.

수제비 떡볶이

소요 시간 : 10분  난이도 : 하

※ 조리 방법이 단순해서 조심할 부분은 크게 없고, 만들면서 입맛에 맞게 간만 조절하면 되는 메뉴입니다.

그냥 떡볶이도 맛있지만, 가끔은 색다른 식감의 수제비 떡볶이를 먹어보는 건 어떨까요? 얇은 부분은 부드럽고, 두꺼운 부분은 쫀득한 이 떡볶이는 먹는 재미가 쏠쏠합니다. 보들보들한 수제비를 좋아하신다면 일반 밀가루 수제비도 괜찮지만 개인적으로는 쫄깃한 감자수제비를 추천해요. 수제비 떡볶이는 남은 수제비로 따끈한 국물요리 한 그릇을 더 만들 수 있다는 큰 장점이 있답니다.

재료 준비

[재료] ☐ 수제비 250g ☐ 양배추 1/4개 ☐ 어묵 2장 ☐ 대파 1/2대 ☐ 캔 옥수수 4스푼 ☐ 물 400ml

[양념] ☐ 설탕 2스푼 ☐ 고춧가루 2스푼 ☐ 다진 마늘 1스푼 ☐ 간장 1스푼 ☐ 고추장 2스푼 ☐ 조미료(MSG) 1티스푼(선택) ☐ 후추 1꼬집 ☐ 파슬리가루(선택) ☐ 파마산치즈가루(선택)

수제비 250g을 물에 불려주세요.

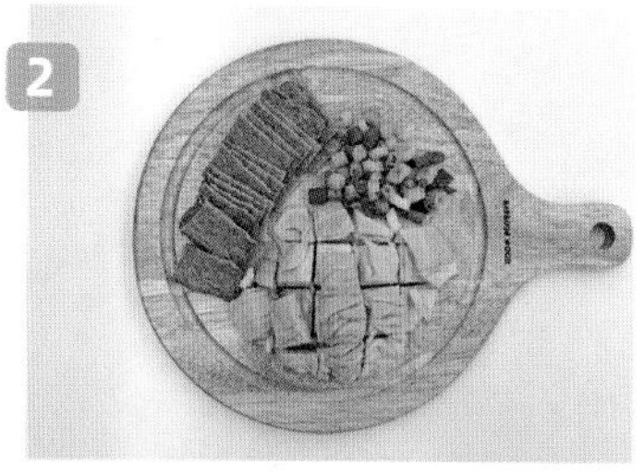

대파 1/2대를 잘게 썰고 양배추 1/4개와 어묵 2장은 수제비 크기로 잘라주세요.

냄비에 설탕 2스푼, 고춧가루 2스푼, 다진 마늘 1스푼, 간장 1스푼, 고추장 2스푼, 조미료(MSG) 1티스푼(생략 가능)과 물 400ml를 붓고 대파와 양배추를 넣어서 끓여주세요.

마늘 떡볶이처럼 마늘 맛이 많이 나는 레시피예요. 마늘을 좋아하지 않으면 1/2스푼으로 줄여도 좋아요.

끓기 시작하면 수제비와 어묵, 캔 옥수수 4스푼을 넣고 중불에서 저으며 졸여주세요. 국물이 졸아들어 점성이 생기고 되직해지면 불을 꺼주세요.

취향에 맞게 후추, 파슬리가루, 파마산치즈가루를 뿌리면 완성입니다. 슬라이스치즈나 모차렐라치즈를 넣어도 맛있답니다.

참치 오코노미야키

소요 시간 : 25분  난이도 : 중

※ 두껍게 굽는 조리 과정이 필요해요. 뚜껑을 덮어서 익히면 더 쉽게 속까지 익힐 수 있답니다.

정석적인 오코노미야키도 좋지만, 참치캔 하나로 뚝딱 만드는 버전도 정말 맛있고 든든해요! 집에 베이컨이나 햄이 있다면 함께 넣으면 토핑이 더 풍성해져요. 두껍고 촉촉한 오코노미야키를 위해서는 중약불에서 뚜껑을 덮어 속까지 잘 익히고, 소스는 넉넉히 듬뿍 뿌리는 게 맛의 포인트랍니다!

재료 준비

[재료] □ 부침가루 1컵(또는 튀김가루) □ 계란 1개, 양배추 1/3개 □ 참치 1캔

[양념] □ 소금 1꼬집 □ 후추 1꼬집 □ 데리야끼 소스 50ml □ 마요네즈 50ml □ 파슬리가루 □ 물 1컵

부침가루 1컵(또는 튀김가루), 물 1컵, 계란 1개, 소금 조금, 후추를 섞어 반죽해주세요. 평소 사용하는 부침가루에 간이 되어 있다면 소금은 생략해도 돼요.

양배추를 채썬 다음, 양배추 3줌과 참치캔 하나를 반죽에 넣고 섞어주세요.

팬에 식용유를 넉넉히 두르고 팬이 달궈지면 반죽을 두껍게 올리고 튀기듯이 구워주세요. 불은 중약불로 조절하고 뚜껑을 덮어 속까지 익도록 해주세요.

타지 않게 중간중간 뒤집어주는 게 중요해요.

접시를 이용해 뒤집으면 부서지지 않아요.

데리야끼 소스와 마요네즈, 파슬리가루로 마무리하면 완성입니다.

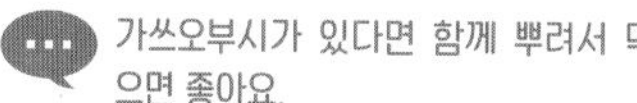

가쓰오부시가 있다면 함께 뿌려서 먹으면 좋아요.

게맛살 크림카레

소요 시간 : 25분 난이도 : 중

※ 요리 초보에게는 전분을 묻혀 튀기는 게 생소할 수도 있죠. 하지만 한 번 해보면 계란프라이와 크게 다르지 않아요.

LIVE CC

3분 카레. 자취생들의 필수품 중 하나죠. 하지만 연달아 먹으면 생각보다 금방 질려버립니다. 만들어 먹는 카레도 마찬가지죠. 보통은 한 솥 가득 끓이는 경우가 많아서 하루이틀 먹다 보면 조금 물리기 마련입니다. 이럴 때 어느 마트를 가도 쉽게 구할 수 있는 게맛살로 '푸팟퐁커리' 느낌을 내보는 건 어떠신가요? 태국의 카레 요리인 푸팟퐁커리는 부드러운 카레에 튀긴 게를 올린 요리인데, 게맛살로도 꽤나 비슷한 맛을 낼 수 있답니다.

재료 준비

[재료] □ 크래미 4~5개 □ 3분 카레 약간 매운맛 1봉(기호에 따라 매운맛 조절)

[양념] □ 우유 100ml(1/2컵) □ 전분가루 1.5스푼

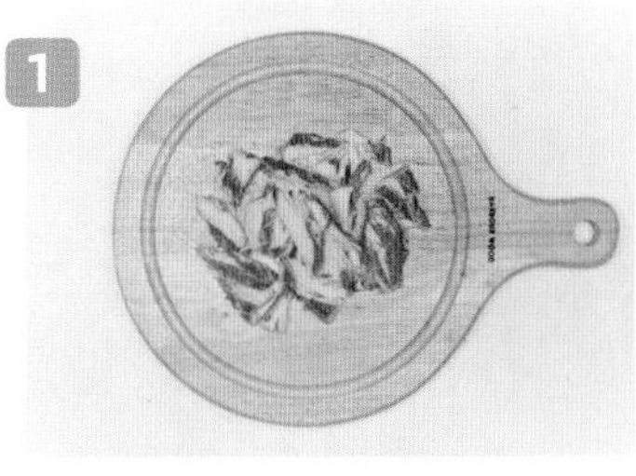

1 크래미는 손이나 칼등으로 납작하게 눌러 준비해주세요.

2 납작하게 누른 크래미에 전분가루 1.5스푼을 넣고 골고루 섞어주세요.

3 팬에 기름을 두르고 전분가루 묻힌 크래미를 튀기듯이 굽다가 다른 그릇에 건져주세요.

전분가루를 넉넉히 묻혀 바삭하게 굽는 게 포인트!

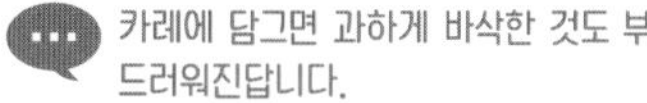

카레에 담그면 과하게 바삭한 것도 부드러워진답니다.

4 팬의 기름을 닦고 3분 카레 1봉과 우유 100ml(1/2컵)를 넣어주세요. 우유는 부드러운 카레를 좋아한다면 100ml, 조금 진한 카레를 좋아한다면 70ml만 넣으세요.

5 저어가며 끓여주세요.

6 그릇에 밥과 카레를 담고, 위에 튀긴 크래미를 올리면 완성입니다.

게맛살 누룽지죽

소요 시간 : 25분 난이도 : 하

※ 어려운 조리 과정이 없어서 급할 때도 쉽게 만들어 먹을 수 있는 간단한 요리입니다.

중국집 게맛살수프를 집에서 더 간단하게! 게맛살과 누룽지를 활용해 쉽고 빠르게 만들 수 있는 레시피예요. 누룽지를 넣으면 적당히 수분을 흡수할 때까지만 끓이면 되니, 쌀로 죽을 끓일 때처럼 계속 저을 필요가 없답니다. 담백해서 아침 메뉴로 딱인데, 더 깊은 맛을 원하신다면 새우젓이나 다시마를 추가해보세요. 간편하면서도 한층 업그레이드된 맛을 즐길 수 있을 거예요!

재료 준비

[재료] □ 계란 3~4개 □ 크래미 3개 □ 팽이버섯 1봉지 □ 누룽지 40g □ 대파 1줌
□ 물 550ml

[양념] □ 소금 1꼬집 □ 후추 1꼬집 □ 참기름 1/2스푼 □ 깨 1꼬집

1 누룽지 40g을 냄비에 부숴 넣고 물 550ml(3컵)를 넣고 끓여주세요.

2 그릇에 계란 3개를 넣고 풀어주세요.

3 팽이버섯을 1~2cm 크기로 잘라 계란에 넣은 다음, 크래미도 손으로 찢거나 칼등으로 눌러 넣어주세요. 팽이버섯과 크래미의 크기를 더 잘게 조절하면 어린이 식사로도 손색없어요.

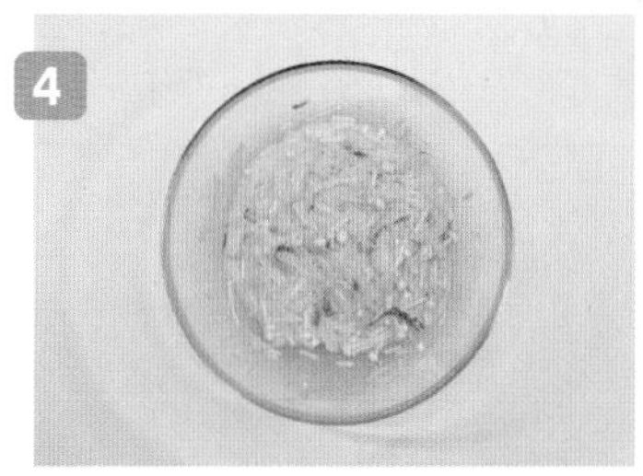

4 골고루 섞어주세요. 팽이버섯과 크래미가 너무 많다고 느껴지면 계란을 하나 더 넣으면 몽글몽글한 계란국 느낌이 납니다. 후루룩 잘 넘어가는 음식을 원한다면 계란을 넉넉하게 사용하는 것을 추천해요.

5 끓고 있는 누룽지에 섞은 재료들을 살살 부으며 저어주세요. 취향에 맞게 소금, 후추 등으로 간을 해주세요.

개인적으로는 새우젓을 살짝 넣으니 더 깔끔하고 맛있더라고요. 담백하게 먹고 싶다면 안 넣어도 좋아요.

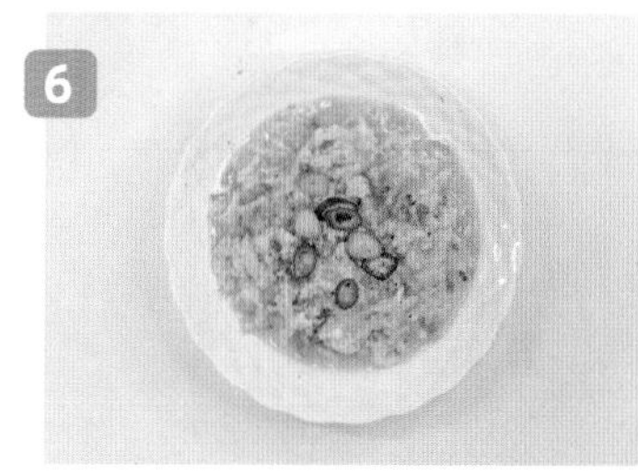

6 완성된 죽을 그릇에 담고 대파를 얹은 뒤 참기름을 두른 다음, 통깨를 뿌리면 완성입니다.

마라 볶음우동

소요 시간 : 20분 난이도 : 하

※ 마라 소스만 있으면 누구나 쉽게 만들 수 있는 간단한 요리입니다.

집에서도 매일매일 마라를 먹고 싶은 분은 물론이고 사 먹었다가 입에 안 맞을까 걱정인 분들에게도 추천하는 마라 볶음우동이에요. 직접 만들어보려고 마라 소스를 구입했지만 원하는 맛이 아니라 실망했다면 이 레시피를 시도해보세요.

버섯, 어묵부터 건두부, 푸주까지 집에 있는 재료는 뭐든 추가해도 좋아요. 아직 마라를 좋아하지 않는 당신도 마라 중독자가 되어버릴지도!

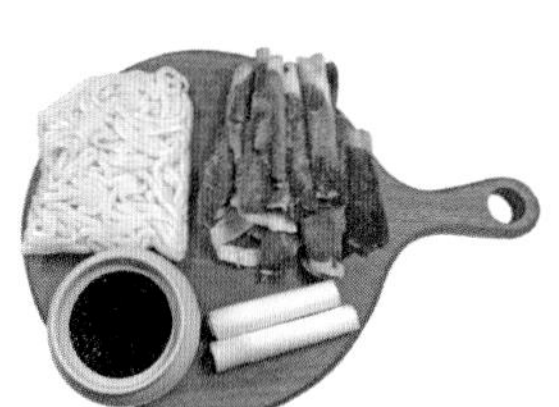

재료 준비

[재료] □ 우동면(약 180g) □ 대파 1줌 □ 마라 소스 2스푼 □ 차돌박이 또는 우삼겹 200g

[양념] □ 물 3스푼 □ 진간장 1/2스푼 □ 올리고당 1스푼 □ 고춧가루 1/2스푼 □ 다진 마늘 1/2스푼

1

우동면을 끓는 물에 1분 30초간 삶아주세요.

2

마라 소스 2스푼, 물 3스푼, 진간장 1/2스푼, 올리고당 1스푼, 고춧가루 1/2스푼, 다진 마늘 1/2스푼을 넣어 소스를 만들어주세요.

만든 소스는 마지막에 맛보고 싱거우면 간장을 살짝 추가해주세요.

3

팬에 대파 1줌과 차돌박이 또는 우삼겹을 볶아주세요.

4

삶은 우동면에 마라 소스를 넣고 30초 동안 더 볶으면 완성입니다.

매운 라면 마제소바

소요 시간 : 15분 난이도 : 중

※ 복잡한 과정은 없지만, 면이 들어간 메뉴라서 조리 속도가 중요합니다.

라면은 대충 때우는 음식이라는 편견이 있지만, 살짝만 정성을 더하면 맛이 확 살아나는 마법 같은 요리예요. 삼삼한 두부와 자극적인 라면의 조합이 돋보이는 마제소바 스타일 라면은 특히 추천드리고 싶어요. 라면이 좋은 베이스가 되다 보니 응용하기도 쉽고, 라면 레시피를 섭렵한 제가 자신 있게 소개합니다. 라면을 이렇게 맛있게 즐기면 더 이상 대충 때우는 음식이 아니랍니다!

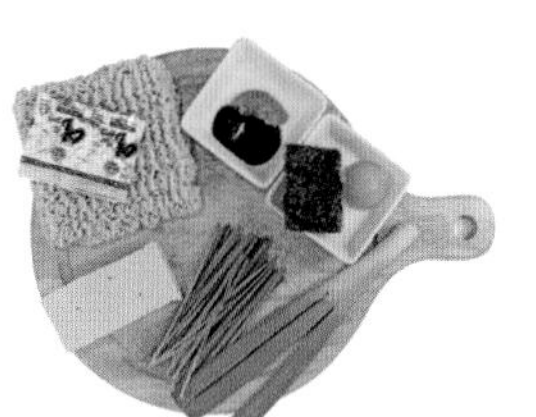

재료 준비

[재료] □ 매운 라면(열라면 등) 1개 □ 두부 1/2모 □ 대파 1/2대 □ 부추 1줌
□ 달걀노른자 1개 □ 김가루 1줌

[양념] □ 다진 마늘 1/2스푼 □ 고춧가루 1스푼 □ 굴소스 1/2스푼 □ 설탕 1티스푼

두부 1/2모는 키친타월로 수분을 제거하고 칼등으로 눌러서 으깨주세요.

부침용 두부처럼 단단한 두부를 추천하며, 수분이 많은 두부라면 전자레인지에 30초 돌려서 물기를 제거하는 게 좋아요.

팬에 식용유를 넉넉히 두르고 다진 마늘 1/2스푼, 대파 1/2대, 굴소스 1/2스푼, 으깬 두부를 넣어서 고슬고슬하게 볶아주세요.

대파 1줌 정도는 데코를 위해 남겨두세요.

불을 줄이고 고춧가루 1스푼과 설탕 1티스푼, 라면 수프 2/3를 넣고 볶아주세요. 고춧가루와 라면 수프는 타기 쉬우니 꼭 약불에서 볶아주세요.

수프를 뺀 라면은 삶아서 물기를 빼두세요. 이때 면을 삶은 면수는 버리지 말아 주세요.

그릇에 삶아둔 면과 면수 1/2국자를 담고, 부추, 남겨둔 대파 1줌, 두부 양념장을 올려주세요.

달걀 노른자와 김가루를 올리면 완성입니다. 다진 마늘은 취향에 맞게 1티스푼 내외로 추가해 먹으면 좋아요.

치즈 베이컨 계란말이밥

소요 시간 : 15분 난이도 : 중

※ 계란을 말 때 터지지 않도록 조심스럽게 뒤집으면 쉽게 만들 수 있는 요리입니다.

오므라이스를 응용한 치즈 베이컨 계란말이밥이에요. 맛있는 것만 들어가 취향 타지 않고 누구나 즐길 수 있는 레시피입니다.

고추장 대신 남은 치킨 양념을 활용하면 매콤달달해서 아이 입맛에 딱이랍니다. 베이컨을 미리 익혀서 밥과 함께 섞고, 매끈한 계란으로 말거나 싸면 쿠션 같은 포근한 비주얼로 눈길을 사로잡을 수 있어요. 김이나 케첩으로 귀여운 그림을 그리면 금상첨화!

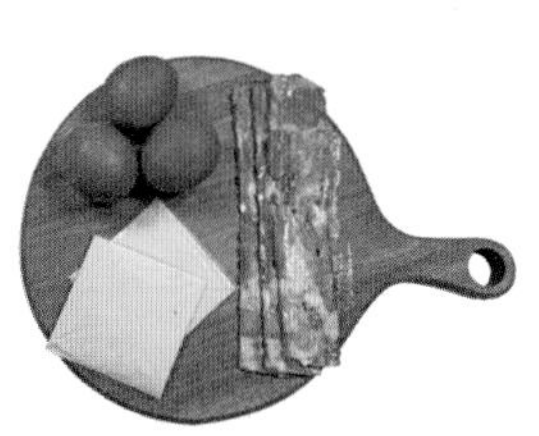

재료 준비

[재료] □ 밥 1공기 □ 계란 3개 □ 치즈 2장 □ 베이컨 3줄

[양념] □ 고추장 1스푼 □ 케첩 1스푼 □ 소금 1꼬집 □ 후추 1꼬집

1 밥 1공기, 케첩 1스푼, 고추장 1스푼을 섞은 다음 뭉쳐주세요.

2 계란 3개에 소금과 후추를 넣고 휘저어서 계란물을 만들어주세요.

3 팬에 기름을 두르고 베이컨 3줄을 올려 약불에서 30초만 구워주세요.

4 그 위에 계란물을 올린 후 30초간 익히고 치즈와 밥을 올려주세요.

계란을 두껍게 부치면 말기가 더 쉬워집니다.

5 터지지 않게 한쪽부터 말아주세요.

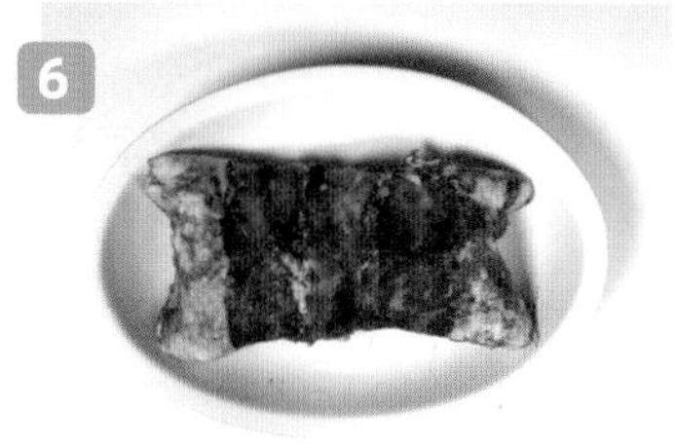

6 뒤집어서 접시에 예쁘게 올리면 완성입니다.

새우장 파스타

소요 시간 : 면 끓는 시간 포함 20분  난이도 : 하

※ 새우장만 있다면 쉽게 만들 수 있는 간단한 요리입니다.

새우장을 좋아하는 마음에 만든 레시피인데, 기대 이상으로 맛있어서 꼭 추천드리고 싶어요! 토마토소스와 새우장 양념이 환상적으로 어우러지고, 통통한 새우가 맛의 정점을 찍는 새우장 파스타. 낙지젓이나 오징어젓으로도 비슷한 맛을 낼 수 있으니 도전해보세요. 오늘 저녁, 퓨전 레스토랑 부럽지 않은 특별한 한 끼를 즐길 수 있을 거예요!

재료 준비

[재료] □ 파스타 면 1인분 □ 새우장(새우 10마리) □ 마늘 5쪽 □ 깻잎 6장 또는 쪽파 1/3줌(선택) □ 계란(선택)

[양념] □ 소금 1꼬집 □ 토마토소스 6스푼

1 물을 끓이고 파스타 면을 넣은 뒤, 소금을 1~2티스푼만 넣어주세요. 면이 익으면 면수는 남기고 면만 건져주세요.

2 팬에 기름을 두르고 마늘을 편썰어 볶아주세요.

3 마늘이 노릇하게 익으면 새우를 10마리 정도 넣고 새우장소스 2스푼, 토마토소스 6스푼을 넣어주세요.

4 삶아둔 면과 면수 1국자를 넣고 볶아서 마무리합니다.

5 깻잎이나 쪽파를 잘게 썰어 올리고 계란프라이를 얹으면 더 맛있게 즐길 수 있어요.

Part. 2

둘이서 더 맛있게

김치즈 파스타

소요 시간 : 30분 난이도 : 중

※ 조리 과정에서 농도 조절과 간 조절이 필요합니다.

파스타가 어렵게 느껴질 때는 시판 소스를 자주 쓰곤 했는데, 요리를 하다 보니 생각보다 간단하더라고요. 오늘 소개하는 김치즈 파스타는 치즈와 김의 완벽한 조화로 간단하면서도 깊은 맛을 자랑해요. 시판 소스를 꺼리거나 집에 있는 치즈를 활용해보고 싶다면 꼭 만들어보세요! 특히 김은 치즈의 풍미를 끌어올리는 중요한 역할을 하니 절대 빼먹지 마세요!

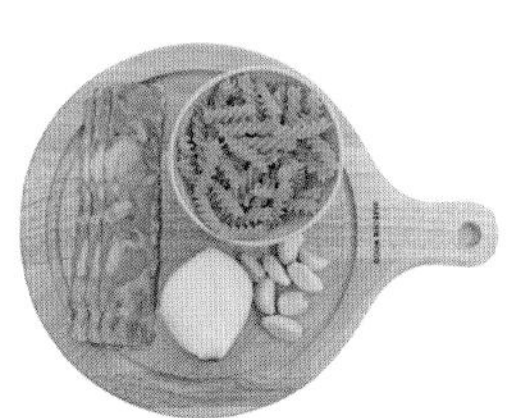

재료 준비

[재료] □ 베이컨 3줄 □ 양파 1/2개 □ 마늘 1줌(6~8알) □ 파스타 면 1인분

[양념] □ 조미김 5장 □ 크림치즈 120g □ 버터 1조각 □ 소금 1꼬집 □ 후추 1꼬집 □ 깨 1꼬집

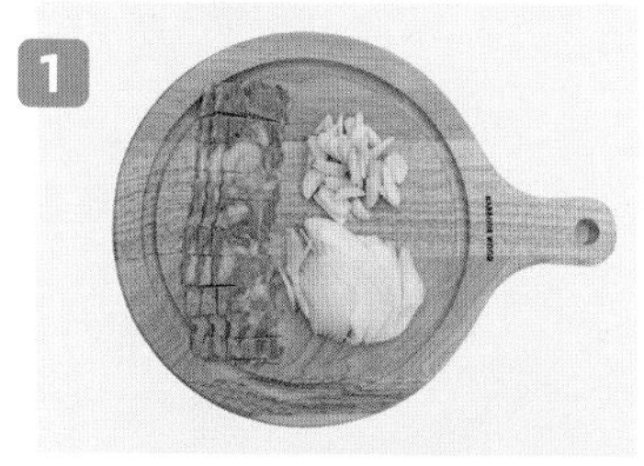

1

양파 1/2개와 베이컨 3줄을 썰고 마늘 1줌도 편썰어서 준비해주세요. 끓는 물에 파스타 1인분을 삶아주세요.

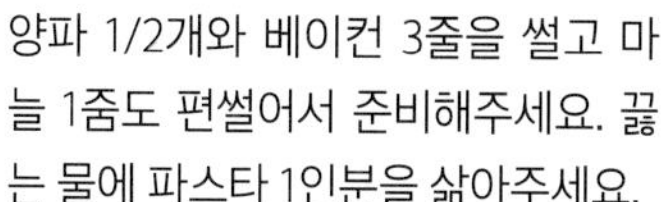

저는 숏파스타를 썼는데 일반 파스타 면도 상관없어요. 면을 삶은 뒤 면수는 조금 남겨두세요.

2

팬에 올리브유를 두르고 중불에서 마늘을 볶아주세요. 그다음 양파와 베이컨을 넣고 양파가 살짝 투명해질 때까지 함께 볶아주세요.

3

버터 1조각과 파스타 면, 면수 1국자를 넣어주세요.

4

크림치즈 120g을 넣고 잘 녹여주세요. 만약 체다치즈가 있다면 한두 장 같이 넣으면 더 진해집니다.

크림치즈로는 단맛이 적은 것이 잘 어울리고, 트리플 크림치즈를 사용하면 풍미가 좋습니다.

5

소금과 후추로 입맛에 맞게 간하고 깨를 살짝 뿌려주세요. 마지막으로 조미김 4~5장을 잘게 잘라서 같이 비비면 완성입니다.

로제 닭다리

소요 시간 : 30분 난이도 : 중

※ 어려운 조리 기술은 필요하지 않으나 시간이 소요되는 과정이 있습니다.

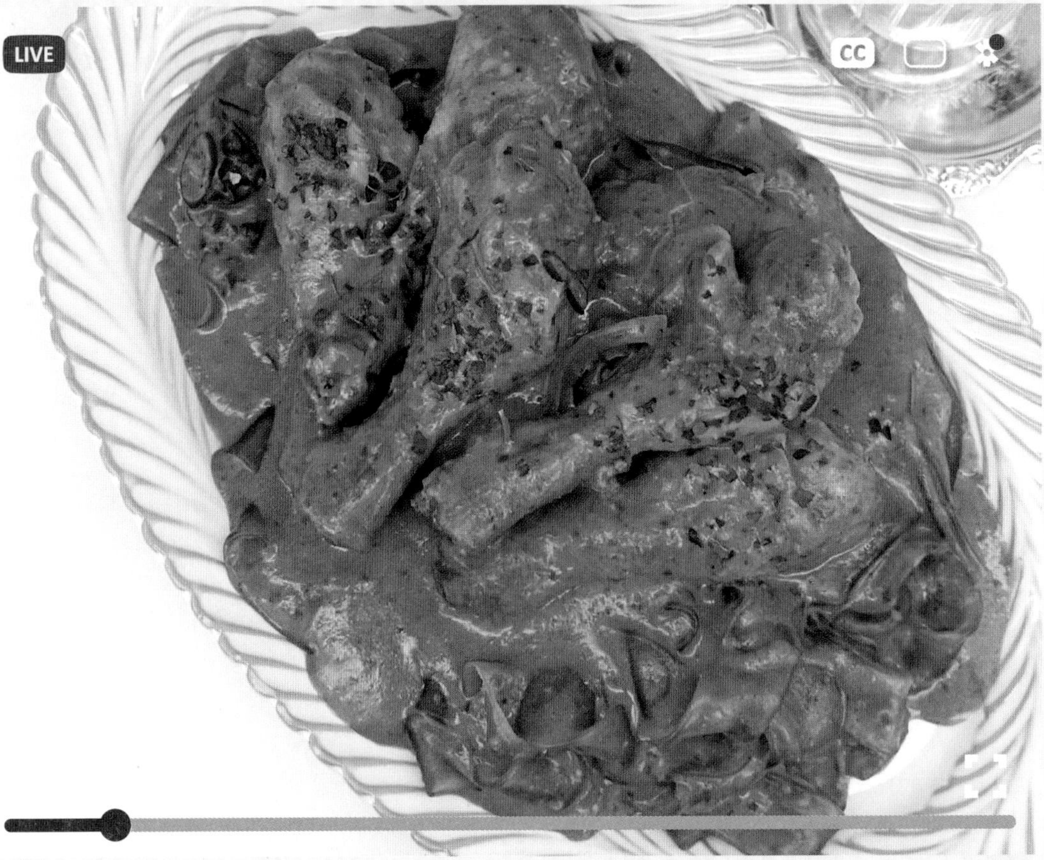

대학생 시절, 학교 앞에서 일주일에 한 번은 꼭 먹었던 로제 찜닭. 지금은 명실상부 마라가 소스의 왕이지만 마라 이전에는 로제가 선풍적인 인기를 누렸죠. 저는 그중 닭과 로제야말로 최고의 궁합이라고 생각했답니다. 크리미하고 매콤한 양념이 어우러져서 너무 좋답니다. 복잡하지 않고 간단하게 만들 수 있는 레시피를 가지고 왔으니 저와 같이 만들어 먹어봐요!

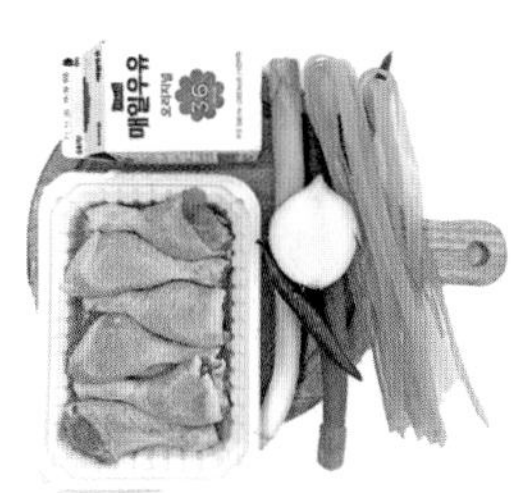

재료 준비

[재료] □ 닭다리 10개 □ 납작 당면 1줌 □ 양파 1/2개 □ 대파 1대 □ 체다치즈 1장 □ 고추 1~2개

[양념] □ 소주 또는 맛술(잡내 제거용) 2컵 □ 고춧가루 3스푼 □ 설탕 2스푼 □ 간장 3스푼 □ 맛술 3스푼 □ 다진 마늘 3스푼 □ 고추장 3스푼 □ 휘핑크림 1컵 □ 우유 2컵

1

냄비에 닭다리가 잠길 만큼 물을 붓고, 소주나 맛술을 소주컵으로 2컵 부어서 같이 끓여주세요. 불순물을 숟가락으로 살살 걷어내면서 5~10분 끓여주세요. 닭 표면이 익으면 물을 버리고 흐르는 물에 닭을 씻습니다.

소주 등은 닭이 덜 익는 것을 방지하고 잡내와 불순물을 제거할 수 있어요.

2

양념으로는 고춧가루 3스푼, 설탕 2스푼, 간장 3스푼, 맛술 3스푼, 다진 마늘 3스푼, 고추장 3스푼을 넣고 잘 섞어줍니다.

무가당 휘핑크림을 쓴다면 설탕을 1~2스푼 더 넣으세요.

3

냄비에 만들어둔 양념장을 올리고, 물 300ml를 같이 부어 끓입니다.
저는 취향에 맞게 양파 1/2개를 채썰어 넣고 대파 1대도 큼직하게 잘라 넣었어요.

4

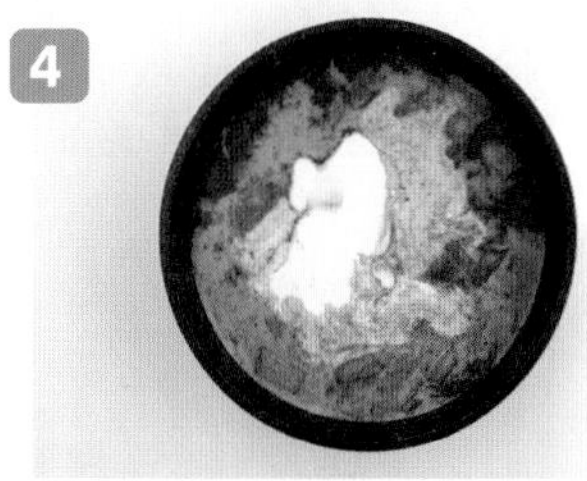

로제의 핵심, 우유 2컵과 휘핑크림 1컵을 넣어주세요. 조금 더 진하고 부드러운 맛을 원하면 우유와 휘핑크림 비율을 1:1로 넣으면 됩니다.

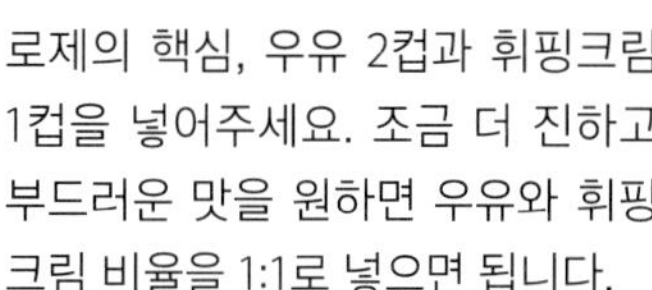

카레가루도 1스푼 정도 넣으면 더 맛있습니다. 카레가루가 없다면 후추를 1/2스푼 조금 안 되게 넣으면 됩니다.

5

조금 끓이다가 불린 납작 당면을 넣어주세요.

납작 당면은 뜨거운 물에 미리 30분 이상 불린 후 넣거나, 다른 냄비에서 10분 정도 삶은 후에 넣어야 합니다.

6

꾸덕함을 더해줄 체다치즈 1장과 매콤한 고추를 하나 썰어서 넣어줍니다.

마제소바

소요 시간 : 30분 난이도 : 하

※ 어려운 과정 없이 쉽게 만들 수 있는 요리입니다.

마제소바를 처음 먹었던 날의 감동이 아직도 생생해요. 매콤하고 달달하면서도 짭짤한 맛이 담백한 걸 좋아하는 분들조차 반하게 만들죠. 하루걸러 마제소바 집을 찾다가 결국 집에서도 만들어 먹게 되었답니다. 익숙하면서도 다른 음식으로는 대체할 수 없는 그 특별한 맛! 어렵지 않으니 꼭 한번 도전해보세요. 맛의 절반이라 할 수 있는 부추는 잔뜩 넣는 걸 잊지 마시고요!

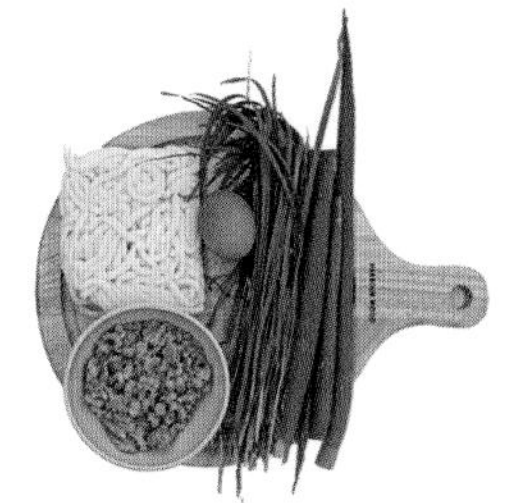

재료 준비

[재료] □ 돼지고기 다짐육 300g □ 부추 1줌 □ 대파 1/2대 □ 계란 1개 □ 우동면 1봉지 □ 김가루 1줌

[양념] □ 다진 마늘 1스푼 □ 간장 3스푼 □ 굴소스 3스푼 □ 맛술 2스푼 □ 고춧가루 1스푼 □ 설탕 1스푼 □ 고추기름 1티스푼 □ 물 100ml □ 깨 2꼬집

1 파는 얇게 썰고 부추는 적당히 썰어주세요.

2 팬에 기름을 두르고 다진 마늘 1스푼을 볶아주세요. 그다음 돼지고기를 넣고 볶다가 간장 3스푼, 굴소스 3스푼, 맛술 2스푼을 넣고 볶아줍니다.

3 고기가 익으면 고춧가루 1스푼과 설탕을 추가해주세요. 물 100ml을 부어서 한 번 바글바글 끓여주세요. 볶은 후 그릇에 옮겨주세요.

4 고기를 볶았던 팬에 물을 붓고 간장 1스푼과 면을 넣고 삶아줍니다. 이렇게 하면 면에도 간이 살짝 되어서 더 맛있어요.

5 삶은 우동면은 찬물로 헹궈서 쫄깃하게 해주세요.

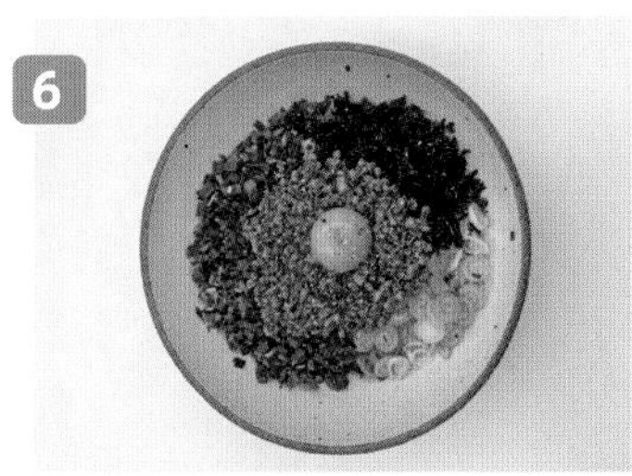

6 그릇에 면을 담고 부추와 파, 김과 깨를 올리고 볶은 고기와 계란노른자 1개를 올려주세요. 고추기름을 두르면 완성입니다.

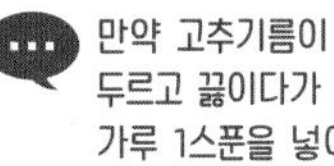

만약 고추기름이 없다면 팬에 기름을 두르고 끓이다가 잠깐 식힌 뒤에 고춧가루 1스푼을 넣어서 고추기름을 만드세요.

비빔칼국수

소요 시간 : 10분 　 난이도 : 하

※ 면을 삶은 다음 양념만 섞으면 되는 간단한 요리입니다.

김이 모락모락 나는 칼국수도 좋지만, 더운 여름에는 시원하게 호로록 넘어가는 비빔칼국수가 제격입니다. 가벼운 느낌의 소면으로는 느낄 수 없는 차지고 쫀득한 면의 식감에 새콤매콤한 양념장이 더해지면 한 그릇 뚝딱이에요.

채소는 상추나 깻잎, 오이 등 냉장고에 굴러다니는 것으로 한 주먹 가득 올려주세요. 아삭아삭한 채소가 비빔칼국수의 매력을 한층 더 끌어올려 집 나간 입맛도 찾아준답니다.

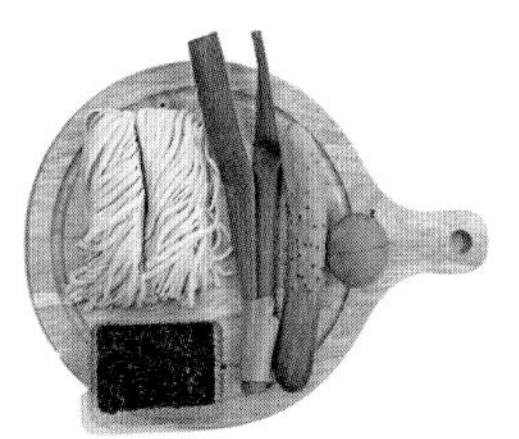

재료 준비

[재료] □ 칼국수 2인분 □ 고명용 채소(대파 1/5대, 오이 1/5개 등) □ 조미김 2꼬집

[양념] □ 참깨 1꼬집 □ 설탕 3스푼 □ 다진 마늘 1큰술 □ 식초 3스푼 □ 매실액 1~2스푼 □ 고춧가루 1스푼 □ 고추장 2큰술 □ 간장 2스푼 □ 참기름 1/2스푼

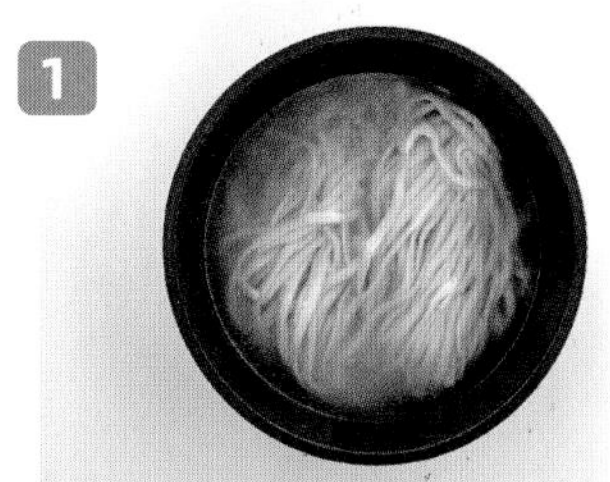

1 칼국수 2인분을 끓는 물에 삶아주세요.

2 면이 삶아지는 동안 설탕 3스푼, 다진 마늘 1큰술, 식초 3스푼, 고춧가루 1스푼, 고추장 2큰술, 간장 2스푼을 섞어주세요.

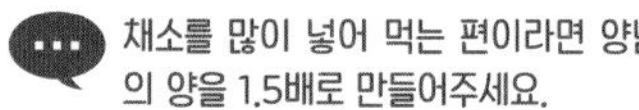

채소를 많이 넣어 먹는 편이라면 양념의 양을 1.5배로 만들어주세요.

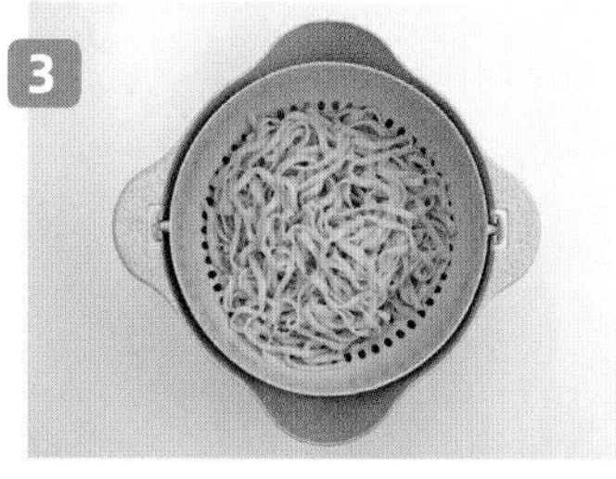

3 다 익은 면은 찬물로 여러 번 헹궈서 물기를 빼주세요.

4 면에 미리 만들어둔 양념장을 넣고 잘 비벼주세요.

5 조미김, 대파와 좋아하는 채소를 1줌씩 올리고, 참깨를 뿌린 후 참기름을 한두 바퀴 뿌리면 완성됩니다.

순두부 된장찌개

소요 시간 : 15분　난이도 : 하

※ 쉽고 빠르게 조리가 가능하고 야채만 익는다면 끓이는 시간을 딱 맞추지 않아도 괜찮습니다.

제가 초등학생 때 가장 좋아했던 음식입니다. 고깃집 된장찌개처럼 진하고 눅진한 맛은 아니지만, 된장찌개와 된장국 사이의 고소하고 삼삼한 맛에 몰랑몰랑 순두부까지 들어있어요.

저는 아침에 입맛이 없어 선뜻 밥에 손이 가지 않을 때가 있었는데, 그럴 때면 이 순두부 된장찌개를 찾았어요. 순두부만 떠먹어도 호로록 넘어가고, 밥에 된장찌개와 애호박, 순두부를 넣고 비벼 먹으면 밥 두 그릇도 거뜬하답니다.

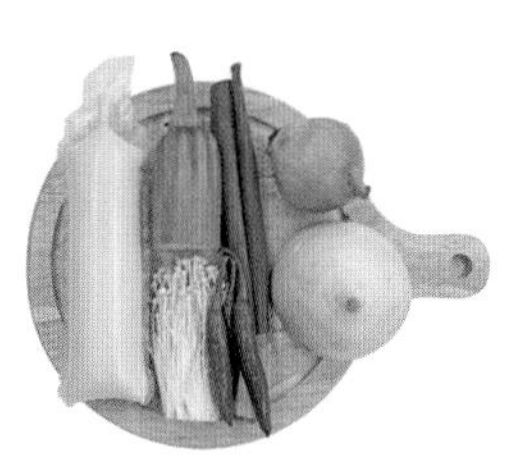

재료 준비

[재료] □ 순두부 1개 □ 무 1/4개 □ 양파 1/2개 □ 버섯 1줌 □ 애호박 1/3개 □ 대파 1/2대 □ 청양고추 2개 □ 물 500ml

[양념] □ 된장 2스푼 □ 액젓 1스푼(또는 국간장) □ 다진 마늘 1/2스푼

1 무를 편썬 다음 냄비에 넣어주세요. 3cm 정도의 사각형으로 썰면 적당해요.

2 다시마 두 장, 물 500ml를 넣어서 끓여주세요. 다시마가 없다면 다시마 팩이나 육수 코인을 사용해도 좋아요.

3 팔팔 끓으면 다시마는 건져내고 된장 2스푼을 넣어서 잘 풀어주세요. 무가 반쯤 투명해지면 양파를 깍둑썰어서 넣으세요.

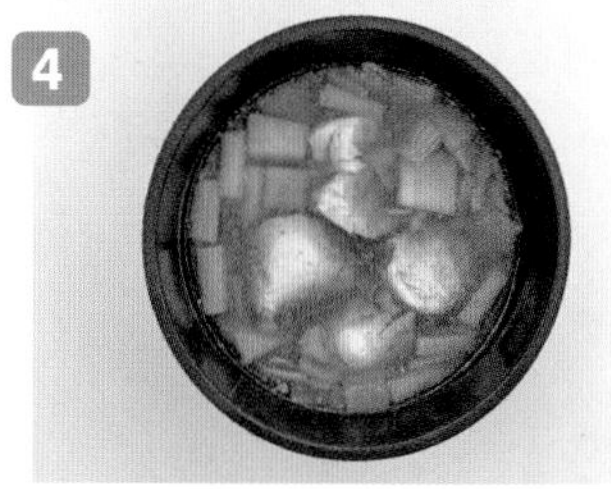

4 순두부도 같이 넣어서 숟가락으로 숭덩숭덩 잘라주세요.

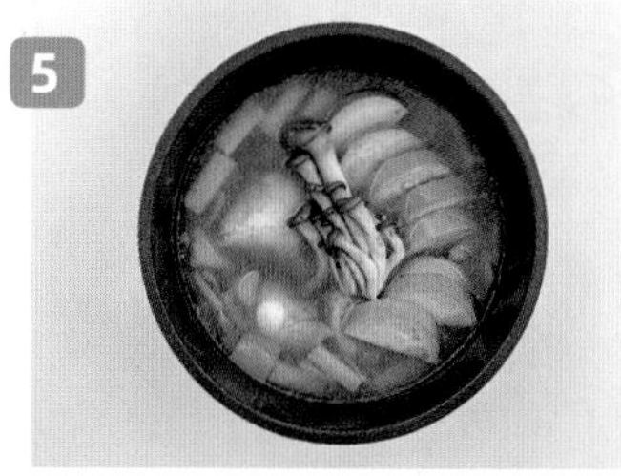

5 애호박이나 버섯도 있으면 같이 넣어서 끓여주세요. 적어도 둘 중 하나는 넣어야 맛이 더 다채롭답니다. 깊은 맛을 더할 액젓 1스푼(또는 국간장)과 다진 마늘 1/2스푼도 넣어주세요.

6 마지막으로 청양고추를 썰어 넣고 대파를 뿌려서 마무리하면 완성입니다.

순두부 장칼국수

소요 시간 : 15분 난이도 : 하

※ 넣고 끓이기만 하면 되는 간단한 음식입니다. 면이 바닥에 붙지 않도록 신경 써서 젓기만 하면 됩니다.

강릉 하면 제일 먼저 떠오르는 음식이 있으신가요? 저는 순두부와 장칼국수가 가장 먼저 생각납니다. 어느 날, 강릉에서 밥을 먹으려고 하니 순두부를 넣은 장칼국수가 있지 뭐예요? 할머니 한 분이 하시는 작은 가게였는데, 먹는 순간 온몸이 따뜻해지고 힘이 나더라고요. 그 장칼국수를 생각하며 최대한 비슷하게 만들어봤습니다! 간편하게 만들 수 있는 장칼국수, 같이 만들어봐요!

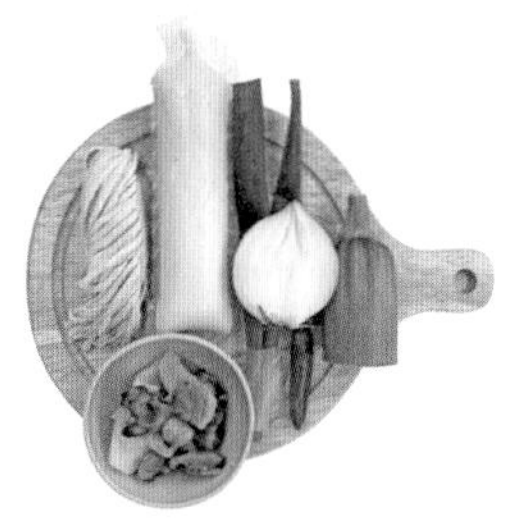

재료 준비

[재료] □ 칼국수 면 1개 □ 해물믹스 1컵 □ 순두부 1/2개 □ 청양고추 1개
□ 애호박 1/3개 □ 양파 1/2개 □ 대파 1/2대 □ 물 700ml □ 조미김 조금

[양념] □ 된장 1스푼 □ 고추장 1.5스푼 □ 국간장 1스푼 □ 고춧가루 1스푼

1

파를 송송 썬 다음 푸른 부분은 고명으로 남겨두고 흰 부분을 볶아주세요.

2

된장 1스푼, 고추장 1.5스푼을 함께 볶아주세요. 센불에서 볶으면 탈 수 있으니 중약불에서 서서히 볶는 게 중요해요.

3

채썬 양파를 넣고 조금 더 볶다가 해물믹스 1컵을 넣어주세요. 해물믹스나 냉동새우 등 냉동실에 있는 재료를 활용하세요.

4

물 700ml를 넣고 함께 끓여주세요.

5

팔팔 끓기 시작하면 국간장 1스푼과 고춧가루 1스푼을 넣어 간을 맞추고, 칼국수 면의 가루를 털거나 살짝 헹궈서 넣어주세요.

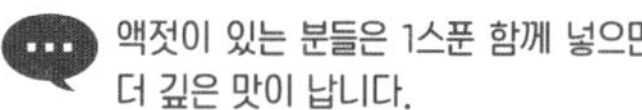

액젓이 있는 분들은 1스푼 함께 넣으면 더 깊은 맛이 납니다.

6

애호박 1/3개, 다진 마늘 1스푼을 넣고 애호박이 어느 정도 익으면 순두부 1/2개를 넣어주세요. 순두부는 통째로 넣고 숟가락으로 숭덩숭덩 자르면 편해요.

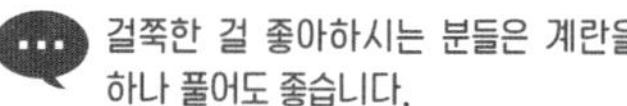

걸쭉한 걸 좋아하시는 분들은 계란을 하나 풀어도 좋습니다.

7

썰어둔 파와 함께 참깨와 김을 취향대로 올리면 완성입니다.

빨간 잡채

소요 시간 : 15분(불리는 시간 제외)  난이도 : 중

※ 당면을 불리는 시간이 오래 걸립니다. 당면을 끓일 때 시간을 딱 맞추는 게 포인트입니다.

한 번도 안 먹어본 사람은 있어도 한 번만 먹어본 사람은 잘 없는 음식입니다. 군산이나 경상도 지역에서는 종종 볼 수 있는 요리죠? 잡채가 빨갛다는 게 신기하고 낯설어서 망설일 수도 있어요. 하지만 아삭한 콩나물과 어우러진 매콤한 양념, 여기에 버무려진 쫄깃한 당면의 조합을 한 번 먹어보세요. 망설였다는 사실도 깜빡 잊고 정신없이 먹고 있을 거예요.

밥 위에 올려서 잡채밥처럼 먹으면 다른 반찬이 필요 없어요. 짜장과 계란프라이까지 곁들여도 정말 맛있답니다.

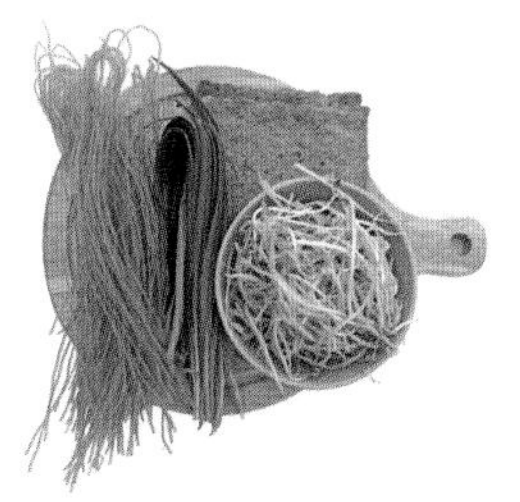

재료 준비

[재료] □ 당면 200g □ 어묵 2장 □ 콩나물 300g □ 부추 1줌

[양념] □ 후추 1꼬집 □ 참기름 1/2스푼 □ 설탕 1.5스푼 □ 간장 3스푼 □ 고춧가루 2스푼 □ 고추장 1스푼 □ 식용유 1스푼 □ 다진 마늘 1/2스푼 □ 물 120ml □ 깨 2꼬집

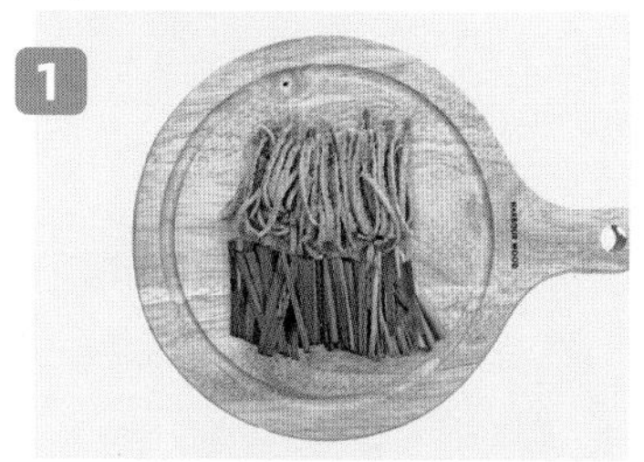

1 당면 200g은 2~3시간 전에 미리 물에 불려두고 어묵 2장은 접어서 채썰어 주세요. 부추 한 줌은 3~4cm로 잘라 주세요.

2 설탕 1.5스푼, 간장 3스푼, 고춧가루 2스푼, 고추장 1스푼, 식용유 1스푼, 다진 마늘 1/2스푼, 물 120ml을 섞어서 양념장을 만들어주세요.

3 당면이 달라붙지 않게 팬에 콩나물 300g을 먼저 깔아주세요.

4 준비해둔 어묵과 당면을 그 위에 올려주세요. 당면이 길면 미리 잘라주세요.

5 양념장을 부은 다음 뚜껑을 덮고 5분간 중불에서 끓여주세요. 코팅이 잘 되어 있지 않은 팬은 눌어붙을 가능성이 있으니, 뚜껑을 연 채로 계속 저으며 볶는 게 좋아요.

6 뚜껑을 열고 잘 섞은 다음 부추를 넣고 후추와 참기름을 뿌려서 뒤적여주세요. 마지막으로 접시에 담고 깨를 뿌리면 완성입니다.

콩나물 해장국

소요 시간 : 30분 난이도 : 중

※ 끓이기만 하면 되는 간단한 메뉴지만, 수란을 처음 해본다면 어려울 수 있습니다.

LIVE CC

한국인의 소울 푸드 10가지 안에 꼭 들어갈 것 같은 콩나물 해장국! 저도 과음한 다음 날 속을 달래준 덕분에 대학생 시절을 더 활기차게 보낼 수 있었어요. 저렴한 재료로 간단히 만들 수 있지만, 깔끔하고 시원한 국물은 언제 먹어도 매력적이죠. 수란을 따로 만들어 넣으면 국물이 더 깔끔해지지만, 간단하게 뚝배기 구석에 계란을 풀어 살짝 익혀도 충분히 맛있답니다. 부담 없이 즐길 수 있는 한 그릇, 꼭 한번 만들어보세요!

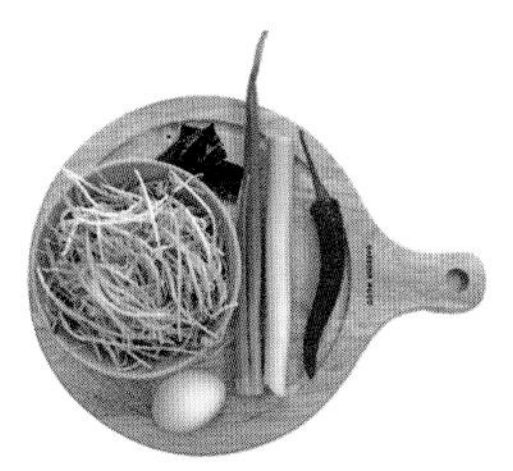

재료 준비

[재료] □ 콩나물 2줌 □ 계란 1개 □ 다시마 2장 □ 물 500ml □ 대파 1줌 □ 청양고추 1/2개
[양념] □ 멸치액젓 1스푼 □ 소금 1/2티스푼 □ 다진 마늘 1/2스푼 □ 고춧가루 1티스푼

1

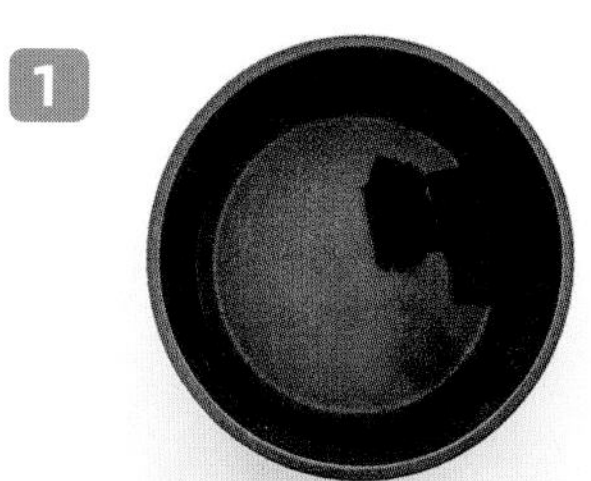

깊은 국물을 위해 뚝배기나 냄비에 다시마 1~2장과 물을 넣고 끓여주세요.

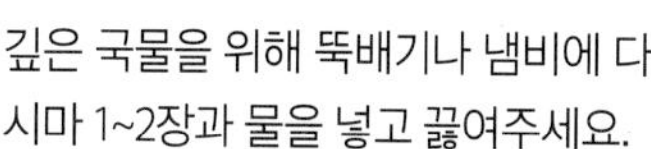

식당에서 먹는 맛을 원한다면 다시다 1/2스푼도 추가하세요.

2-1 2-2

보글보글 끓기 시작하면 수란부터 만들어주세요. 참기름을 바른 국자에 계란 하나를 넣고 익히면 끝이에요. 다만 귀찮거나 어렵다면 맨 마지막에 계란을 넣고 젓지 않는 방식으로 만들어도 좋아요.

3

대파 1줌, 매콤한 청양고추 1/2개를 넣고 고춧가루 1티스푼도 추가해주세요. 국물용 다시마는 여기서 뺍니다. 이대로 2~3분 끓이면 완성입니다.

달래 된장찌개

소요 시간 : 20분 난이도 : 중하

※ 어려운 과정이 없는 간단한 메뉴지만, 된장찌개를 처음 끓이는 분들에게는 생소할 수도 있습니다.

냉이와 달래가 나오면 비로소 '봄이구나' 하는 것을 느낍니다. 단군신화 속 곰이 먹었던 게 실은 마늘이 아니라 달래였다는 말이 있죠. 지금의 한국인은 고추와 마늘의 민족에 가깝지만 때로는 쑥과 달래처럼 보드랍고 은은한 것도 한국인의 민족성이 아닐까 해요.

향긋한 달래를 넣어 봄기운에 설레게 되는 달래 된장찌개입니다. 무겁고 진한 고깃집 된장찌개와 달리 깔끔하고 산뜻한 매력이 가득하답니다.

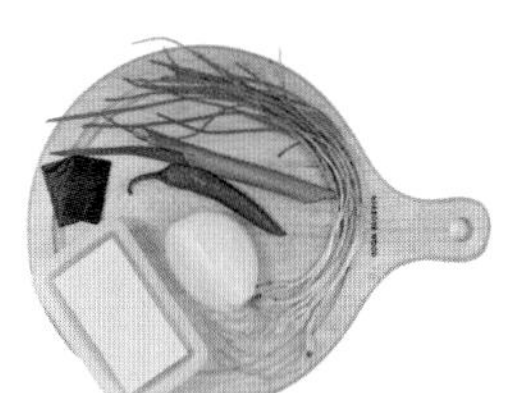

재료 준비

[재료] □ 다시마 2장 □ 양파 1/4개 □ 두부 1/2모 □ 대파 1/2대 □ 청양고추 1개 □ 물 500ml

[양념] □ 된장 1.5스푼 □ 멸치 액젓 1스푼 □ 다진 마늘 1스푼 □ 고춧가루 1티스푼

1 냄비에 물 500ml, 다시마 2장을 넣고 끓여주세요.

2 끓기 시작하면 된장 1.5스푼을 넣어 풀고, 멸치 액젓 1스푼을 넣어주세요.

3 양파 1/4개를 깍둑썰기해서 넣어주세요. 두부 1/2모도 비슷한 크기로 썰어 넣어주세요.

4 다진 마늘 1스푼, 얇게 썬 대파 1/2대, 청양고추 1개를 넣어주세요.

5 고춧가루 1티스푼을 넣어주세요.

입맛에 따라 조미료(MSG) 1티스푼을 넣어도 돼요.

6 뿌리껍질을 손질한 달래를 먹기 좋게 썰어서 넣고 잠시 끓이면 완성입니다.

참치쌈장 부추비빔밥

소요 시간 : 12분 난이도 : 중하

※ 겉보기에는 어려워 보이지만, 조리 과정이 쉽고 간단한 메뉴입니다.

고추장, 된장, 참기름, 마늘. 맛있는 건 다 들어가죠. 한국 양념의 결정체라고도 할 수 있는 쌈장! 고기 양념으로만 쓰지 말고 이렇게도 한번 써보세요. 참치, 쌈장, 부추 삼총사의 시너지가 대단하답니다. 별거 아닌 줄 알았던 쌈장의 진면목을 발견하게 되실 거예요.

입맛 뚝 떨어진 날 혼자 차려 먹기도 좋지만, 소복한 부추가 보기 좋기 때문에 기운 없다는 가족, 친구에게 차려주기도 좋습니다. 맛난 밥 한 술 뜨고 다시 힘내보자고요!

재료 준비

[재료] □ 두부 1/2모 □ 부추 1줌 □ 참치 1캔 □ 청양고추 1/2개 □ 양파 1/4개 □ 밥 1공기

[양념] □ 쌈장 1.5스푼 □ 고추장 2스푼 □ 올리고당 1/2스푼

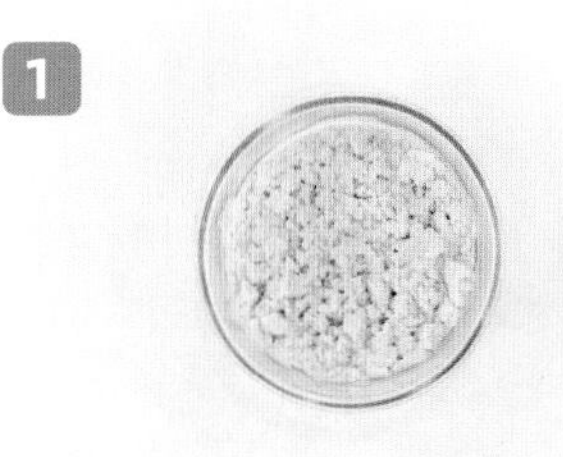

1 두부 1/2모는 전자레인지에서 30초간 돌려서 물기를 한 번 빼고 으깨주세요. 키친타월이나 면보를 이용해 물기를 빼도 좋아요.

2 으깬 두부에 기름 뺀 참치 1캔을 넣어주세요.

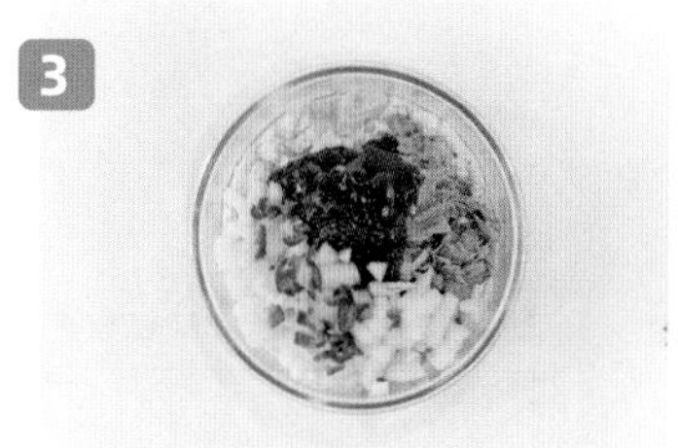

3 쌈장 1.5스푼, 고추장 2스푼, 올리고당 1/2스푼을 넣어주세요. 양파 1/4개와 청양고추 1/2개도 같이 다져 넣어주세요.

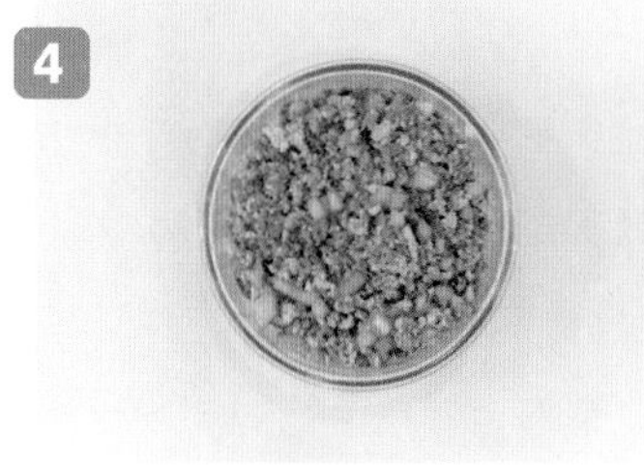

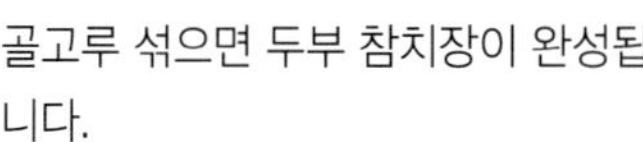

4 골고루 섞으면 두부 참치장이 완성됩니다.

5 그릇에 밥 1공기를 담고 부추를 1cm 정도로 썰어서 빽빽하게 올려주세요.

6 만들어둔 두부 참치장을 입맛에 맞게 올려주세요. 취향에 맞게 참기름, 깨, 계란프라이 등을 올리면 완성입니다.

스크램블 토마토 계란 덮밥

소요 시간 : 45분 난이도 : 중

※ 불 조절만 잘하면 어렵지 않게 만들 수 있는 메뉴입니다.

휴일 아침, 지친 나에게 선물하기 좋은, 간단하고 특별한 토마토 덮밥입니다. 할 땐 별거 아닌 것 같아도 정갈하고 포근한 한 끼 식사가 될 거예요. 그대로 먹어도 담백하니 좋고, 케첩을 뿌리면 오므라이스처럼 보다 달큰한 맛이 난답니다.

토마토는 남고, 설탕을 뿌려 먹는 건 지겹고, 토마토가 들어간 요리는 해본 적 없어 망설여진다면 이 요리를 만들어보세요. 다른 토마토 요리 레시피도 찾고 싶어질 거예요.

재료 준비

[재료] □ 토마토 1개(160g) □ 쌀 1.5컵 □ 계란 3개 □ 대파 1/2대

[양념] □ 치킨스톡 또는 육수스톡 1개(다시다로 대체 가능) □ 물 2스푼 □ 굴소스 1.5스푼 □ 후추 1꼬집

1 밥솥에 쌀 1.5컵, 토마토 1개, 치킨스톡이나 육수스톡 1개(1스푼)를 넣고 밥을 지어주세요.

2 계란 3개, 소금 조금, 후추를 섞어 계란물을 만들어주세요.

3 팬에 기름을 두르고 센불에서 빠르게 휘저어가며 스크램블에그를 만든 후 물 2스푼과 굴소스 1.5스푼을 넣고 계란이 덜 익었을 때 불을 꺼주세요.

4-1 4-2 밥이 다 되었으면 토마토를 으깬 후 비벼주세요.

5 토마토 밥을 먹을 만큼 덜고 후추를 살짝 뿌려주세요.

6 그 위에 촉촉한 스크램블에그를 올려주세요.

7 대파 1/2대를 송송 썰어서 올리면 완성입니다.

마파 순두부 조림

소요 시간 : 15분 난이도 : 중

※ 전분을 넣은 후 타지 않도록 불 조절만 잘하면 쉽게 만들 수 있습니다.

스트레스가 확 풀리는 음식이 당기는 날에 딱 좋은 음식입니다. 저는 이 레시피에 매운 소스를 추가해서 더 매콤하게 먹기도 한답니다. 순부두의 부드럽고 고소한 맛과 고추장의 매운맛이 만들어내는 조화로움이 너무 매력적인 음식이에요. 처음에 파기름을 넉넉히 내야 더 깊은 풍미와 맛을 느낄 수 있어요!

재료 준비

[재료] □ 돼지고기 다짐육 300g □ 순두부 1개 □ 대파 1/3대

[양념] □ 맛술 2스푼 □ 된장 1/2스푼 □ 물 1컵 2스푼 □ 고추장 2스푼 □ 고춧가루 2스푼 □ 진간장 2스푼 □ 다진 마늘 1큰술 □ 설탕 1스푼 □ 전분가루 1스푼

1

다진 돼지고기에 맛술을 2스푼 넣어서 조물조물해주세요.

2

순두부를 자른 다음 전자레인지에 30초 돌려 물기를 살짝 빼주세요. 귀찮다면 이 과정은 생략해도 됩니다.

3

고추장 2스푼, 고춧가루 2스푼, 진간장 2스푼, 다진 마늘 1큰술, 설탕 1스푼을 섞어서 양념장을 만들어주세요.

4

기름을 두른 팬을 중불로 달구고, 대파 1/3대를 잘게 썰어 넣어 파기름을 내주세요.

5

돼지고기를 넣고 같이 볶다가 된장을 1/2스푼 넣고 볶아주세요.

6

물 1컵과 양념장을 넣고, 끓기 시작하면 순두부를 넣어주세요.

7

불을 줄이고 전분가루 1스푼과 물 2스푼을 섞은 전분물을 붓고 저으며 끓이면 완성입니다.

점성을 높여 소스를 걸쭉하게 하기 위한 과정인데, 생략해도 충분히 맛있으니 전분이 없다면 생략해도 됩니다.

두부 스팸 고추장 짜글이

소요 시간 : 20분 난이도 : 중

※ 자박하게만 잘 만들면 쉬운 음식입니다.

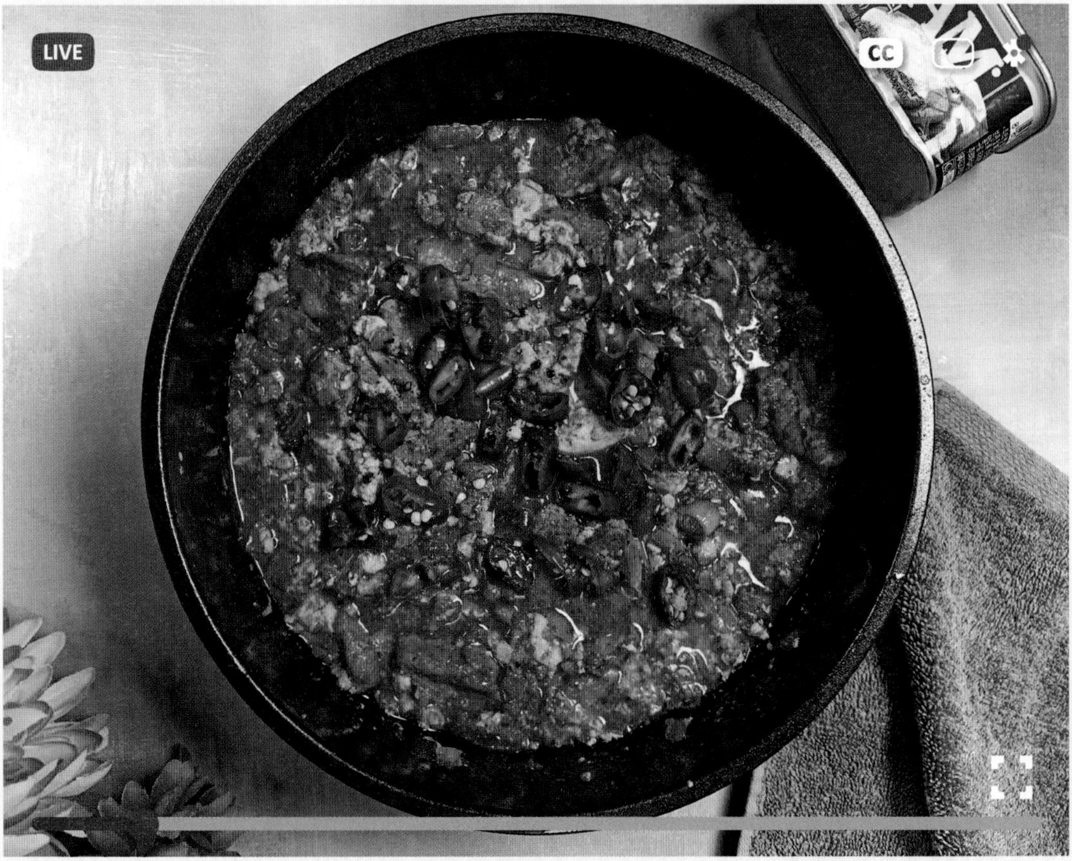

저는 한국의 맛있는 매운맛을 떠올리면 항상 짜글이가 생각났어요. 그래서 그런지 제가 해외에 있을 때, 정말 자주 먹었던 음식입니다. 고추장의 매콤한 맛과 진한 풍미가 두부, 스팸과 잘 어우러져서 감칠맛이 최고인 음식입니다. 집에서도 쉽게 만들 수 있어 밥도둑 요리로 많은 사랑을 받은 음식이에요.

재료 준비

[재료] □ 두부 1모 □ 스팸 1캔 □ 대파 1/2대 □ 양파 1/2개 □ 청양고추 2개 □ 물 500ml

[양념] □ 다진 마늘 1스푼 □ 후추 1꼬집 □ 고춧가루 3스푼 □ 간장 2스푼 □ 고추장 1스푼 □ 설탕 1/2스푼

1

스팸과 두부를 지퍼백에 넣고 눌러서 으깨주세요.

2

팬에 기름을 두르고 중불에서 대파 1/2대와 다진 마늘 1스푼을 볶아서 파기름을 내주세요. 그 다음 양파를 넣어서 같이 볶아주세요.

3

앞에서 으깬 두부와 스팸을 올려주세요.

4

고춧가루 3스푼, 간장 2스푼, 고추장 1스푼, 설탕 1/2스푼을 섞어서 양념장을 만들어주세요.

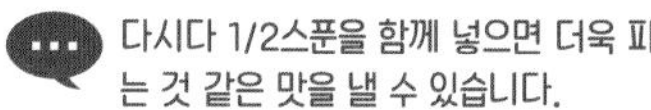

다시다 1/2스푼을 함께 넣으면 더욱 파는 것 같은 맛을 낼 수 있습니다.

5

물 500ml와 양념장을 넣고 자박해질 때까지 끓여주세요.

6

청양고추 2개를 썰어 넣고 후추를 뿌려 마무리하면 완성입니다.

감태 참치마요

소요 시간 : 15분  난이도 : 하

※ 어려운 과정 없이 쉽게 만들 수 있는 요리입니다.

누가 오마카세를 사준다면 절대 거절하지 않겠지만, 가끔은 집에서 계란프라이 하나, 김치 하나만 먹어도 이보다 더 큰 식도락이 필요할까 싶죠. 바쁜 등굣길, 엄마가 따라다니며 입에 넣어주셨던 한 입 김밥에 감태로 특별함을 더한 감태 참치마요입니다.

향긋한 감태와 부드러운 참치마요, 와사비가 완벽한 삼박자를 이룬답니다. 간단하지만 입맛이 없을 때 자주 손이 가는 요리예요!

재료 준비

[재료] □ 참치 1캔 □ 밥 1공기 □ 감태 2장

[양념] □ 마요네즈 2큰술 □ 와사비 1/2스푼 □ 소금 1꼬집 □ 참기름 1/2스푼

1

참치 1캔의 기름을 빼주세요. 마요네즈 2큰술과 와사비 1/2스푼을 넣어서 섞어주세요.

2

밥 1공기에 소금 약간과 참기름 1스푼을 섞어주세요.

3

감태를 깔고 간한 밥을 2~3스푼 올려주세요.

4

납작한 모양으로 말아주세요.

5
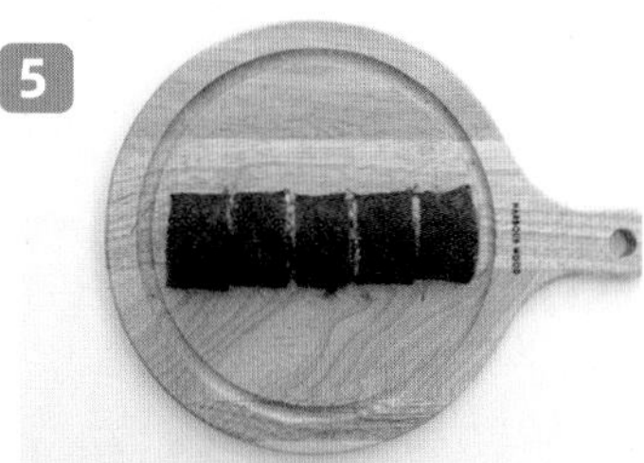

5등분해주세요. 만들어둔 와사비 참치마요와 함께 곁들여서 먹으면 완성입니다.

짜당면

소요 시간 : 30분  난이도 : 중

※ 당면을 불리고 졸이는 시간이 꽤 소요됩니다.

쫄깃쫄깃 특별한 식감의 당면은 확고한 마니아층이 있어 한때 먹방의 단골 메뉴이기도 했는데요. 이런저런 음식에 당면을 넣어본 제가, 가장 궁합이 좋았던 음식이 짜당면입니다. 짜장을 색다르게 먹을 수 있어 좋더라구요. 짜장 맛은 양파에서 나오니 듬뿍 넣어주세요. 양파를 오래 볶으면 일반 짜장 맛에 가까워지고, 덜 볶으면 간짜장 맛에 가까워진답니다.

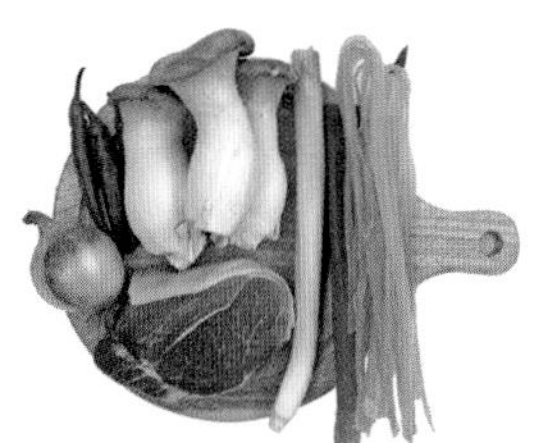

재료 준비

[재료] □ 납작 당면 200g □ 돼지고기 250g □ 양파 1개 □ 대파 1대 □ 새송이버섯 3개
□ 청양고추 3개 □ 물 400ml

[양념] □ 짜장가루 60g □ 고춧가루 1스푼

1 먼저 좋아하는 종류의 당면 200g을 준비해서 미리 물에 불려주세요. 당면이 물에 잠기도록 충분히 물을 받고 불려야 골고루 불려져요.

두꺼운 납작 당면을 좋아하는 분들은 4시간 이상 불려야 하니 요리를 하기 전날 밤에 미리 불려놓고 자는 걸 추천드립니다.

2 팬에 기름을 넉넉하게 두르고 중불로 예열해주세요. 대파는 단단하고 알찬 것으로 1대 썰어서 준비하고, 양파도 1개 채썰어주세요.

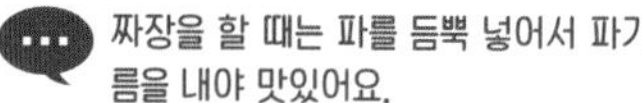

짜장을 할 때는 파를 듬뿍 넣어서 파기름을 내야 맛있어요.

3 대파와 양파를 팬에 넣고 파기름이 나올 때까지 충분히 볶아주세요.

4 파기름이 나오기 시작하면 고춧가루 1스푼을 넣고 약불에서 빠르게 저어 고추기름을 만들어주세요.

5 새송이버섯 3개를 큼직하게 썰어주세요. 이때, 격자무늬로 칼집을 내면 양념이 더 잘 스며듭니다. 돼지고기는 원하는 크기로 썰어주세요.

돼지고기를 큼직하게 자를 경우에는 버섯과 동일하게 격자무늬로 칼집을 내주세요.

6 4번에 돼지고기와 새송이버섯을 넣고 같이 볶아주세요.

저는 버섯의 식감을 좋아해서 큼직하게 잘라 넣었는데, 버섯을 싫어하면 다른 야채로 대체해도 괜찮습니다.

7

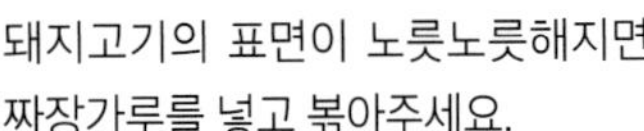

돼지고기의 표면이 노릇노릇해지면 짜장가루를 넣고 볶아주세요.

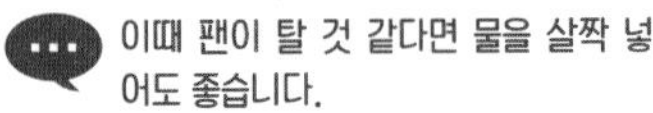

이때 팬이 탈 것 같다면 물을 살짝 넣어도 좋습니다.

8

돼지고기와 버섯의 겉면에 짜장이 잘 달라붙으면 물 400ml를 붓고 끓여주세요.

9

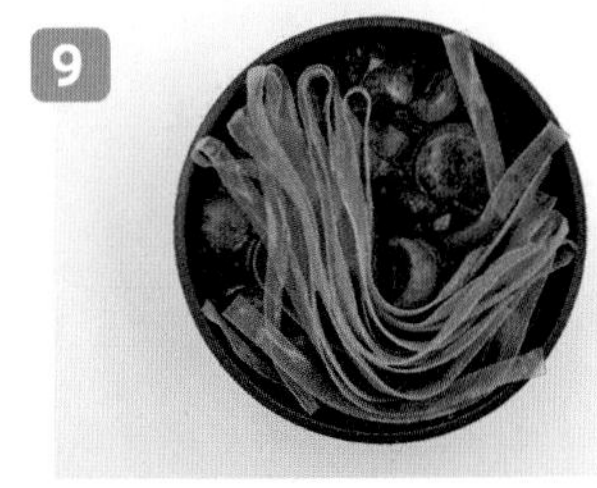

보글보글 끓이면서 재료들을 충분히 익힌 다음 불린 당면도 넣어줍니다.

10

5분 정도 끓여서 당면이 말랑해지기 시작하면 청양고추를 3개 넣고 당면이 부드러워질 때까지 한소끔 더 끓이면 완성입니다.

동양식 뇨끼

소요 시간 : 15분　난이도 : 상

※ 과정이 많아서 요리가 익숙하지 않으면 조금 복잡하게 느껴질 수 있어요.

수제비와 뇨끼를 좋아하신다면 반드시 도전해야 하는 메뉴예요! 바질이나 트러플 등 집에서 자주 쓰지 않는 식재료가 필요한 뇨끼는 아무래도 직접 만들어 먹긴 꺼려지는 요리죠. 그래서 준비한 이 레시피. 한국적인 재료와 맛으로 뇨끼의 식감과 감성을 살린 동양식 뇨끼입니다.

포크로 모양을 내는 게 조금 난관일지 모르지만, 실패해도 다시 뭉치면 그만이고 생각보다 금방 익숙해져요. 고춧가루 대신 고추를 썰어 넣으면 좀 더 담백한 뇨끼가 됩니다.

재료 준비

[재료] □ 감자 2~3개(350g) □ 전분 150g

[양념] □ 전분 150g □ 물 110ml □ 마라 소스 2스푼 □ 진간장 2스푼 □ 올리고당 1스푼 □ 고춧가루 1스푼 □ 다진 마늘 1/2스푼 □ 소금 1꼬집 □ 후추 1꼬집

1 감자를 6등분으로 썰어주세요.

2 물을 살짝 넣고 랩을 씌워서 전자레인지에서 7분 30초간 삶아주세요. 젓가락으로 찔러서 쉽게 푹 들어가지 않으면 1~2분 더 돌려주세요.

3 물기를 제거하고 으깨주세요.

4 소금 1꼬집, 후추 1꼬집을 넣어주세요.

5 전분 150g과 물 110ml를 넣어주세요.

반죽이 질어지지 않게 반죽을 섞으면서 물을 여러 번에 걸쳐서 넣어주세요.

6 잘 섞어서 반죽을 만들어주세요.

7 반죽을 나눠서 길쭉하게 만들어주세요.

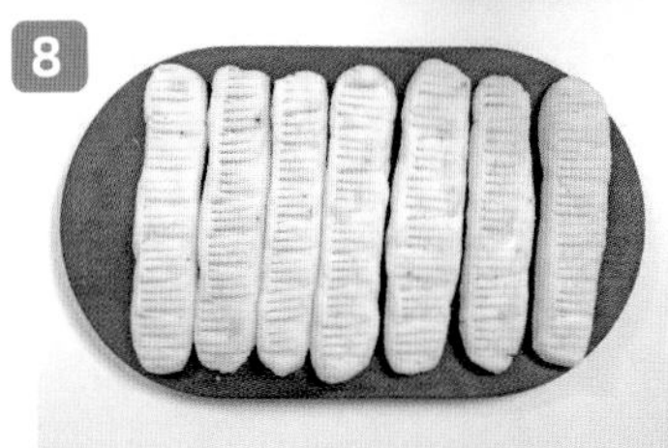

8 포크로 살짝 자국을 내주세요.

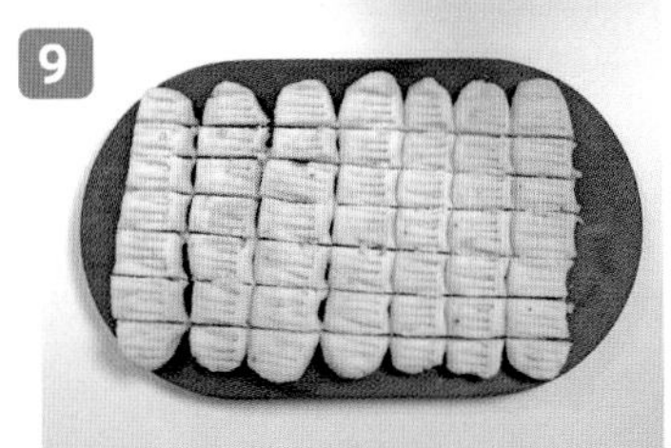

9 반죽을 각각 칼로 몇 조각으로 잘라서 직사각형 모양으로 만들어주세요.

10

끓는 물에 2분 30초 정도 삶다가 동동 떠오르면 건져서 찬물에 헹궈주세요.

11

그릇에 마라 소스 2스푼, 진간장 2스푼, 올리고당 1스푼, 고춧가루 1스푼, 다진 마늘 1/2스푼을 넣고 섞어주세요.

12

기름을 두른 팬에 감자 반죽을 넣고 2분 정도 튀긴 후 양념을 넣고 섞으면 완성입니다.

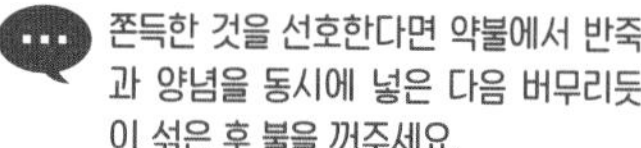

쫀득한 것을 선호한다면 약불에서 반죽과 양념을 동시에 넣은 다음 버무리듯이 섞은 후 불을 꺼주세요.

Part. 3

특별한 날 특별하게

닭볶음탕

소요 시간 : 60분 난이도 : 중

※ 조리 시간이 상대적으로 긴 편입니다.

닭볶음탕과 닭도리탕 중 뭐라고 불러야 할지 약간 고민되는 이 음식. 심지어 제가 살던 곳에서는 이 음식이 곧 찜닭이었답니다. 여기서 소신 발언! 뭐가 됐든 맛만 있으면 되는 거 아닌가요?

쓴맛을 잡기 위해 넣는 설탕은 반 정도만 미리 넣고 나중에 맛을 보면서 추가해주세요. 닭다리에 고추장 양념이라니 그 누가 싫어할까요? 다들 좋아하고 즐기는 음식이라 이름을 여러 개 갖게 된 게 아닐까요?

재료 준비

[재료] □ 닭 1마리 □ 양파 1개 □ 당근 1/2개 □ 감자 2~3개 □ 대파 1대 □ 청양고추 1/2개

[양념] □ 설탕 3스푼 □ 고춧가루 1/2컵 □ 간장 3/5컵 □ 다진 마늘 1스푼 □ 고추장 1스푼

1

토막 낸 닭을 깨끗하게 씻어줍니다. 다 씻은 닭은 냄비에 넣어 닭이 잠길 정도로 물을 붓고, 10분 정도 팔팔 끓여서 겉을 데칩니다.

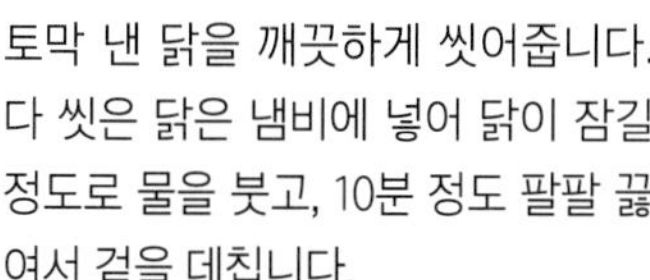

뼈 사이사이 이물질이나 뼛조각도 씻으면서 함께 제거하는 것이 좋습니다.

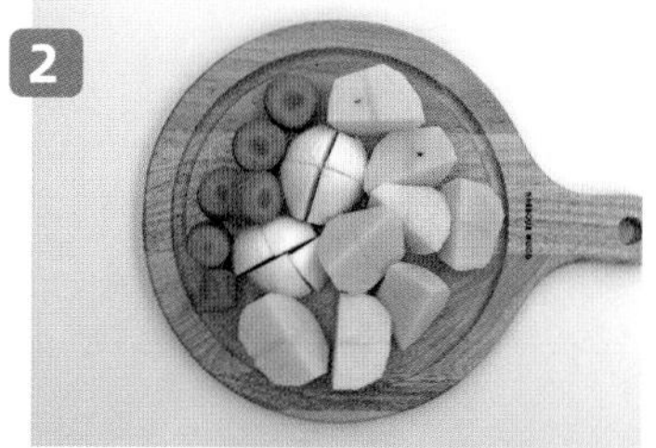

2

물이 끓는 동안 닭볶음탕에 들어갈 야채들을 손질합니다. 감자 2개(작으면 3개)와 당근 1/2개, 양파 1개를 모두 큼직큼직하게 깍둑썰기한 다음 데치고 있는 닭에 넣어줍니다.

3

설탕 3스푼을 넣고 강불에서 끓입니다.

설탕을 미리 넣어야 닭 안쪽까지 단맛이 잘 배입니다(다른 양념들을 다 함께 넣으면 탈 수 있기 때문에 설탕만 미리 넣습니다).

4

감자가 반쯤 익을 때까지 끓이다가 다른 양념들을 넣습니다. 고춧가루 1/2컵, 간장 3/5컵(종이컵 기준), 다진 마늘 1스푼, 고추장 1스푼을 넣어주세요. 타지 않게 저으면서 15분 정도 더 끓입니다.

시중에서 파는 맛과 비슷한 맛을 원한다면 조미료(MSG) 1/2스푼을 함께 넣어도 좋습니다.

5

15분 후 청양고추 1/2개와 대파 1대를 썰어서 넣습니다. 매콤한 것을 좋아하면 청양고추 1개를 넣어주세요. 숨이 죽을 때까지만 한소끔 끓입니다.

6

완성된 닭볶음탕은 후추를 조금 뿌려 먹으면 풍미가 더욱 살아납니다.

간단 동파육

소요 시간 : 45분 　 난이도 : 하

※ 양념을 넣고 끓이기만 하면 되는 간단한 요리입니다.

수육 레시피와 비슷한 듯하면서도 완전히 색다른 요리, 야매 동파육 레시피입니다. 깊게 밴 진한 소스에 젓가락만 대면 사르르 부서질 만큼 부드러운 육질이 최고죠. 간간하니 밥이 술술 들어가는 밥도둑 반찬이 된답니다. 한 번도 안 드셔 보셨다면 이참에 직접 만들어 맛보는 건 어떠세요? 반은 중간에 덜어내어 수육으로 먹고, 반은 마저 졸여 동파육으로 먹어도 좋겠죠!

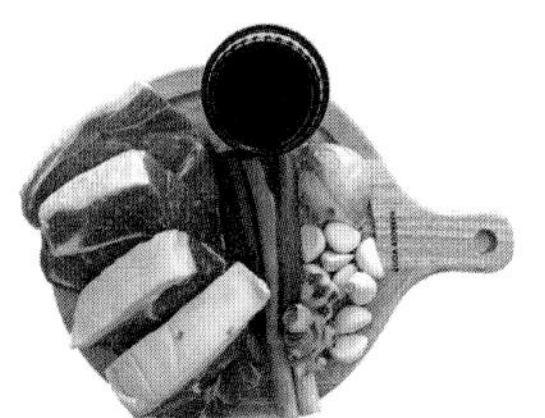

재료 준비

[재료] □ 수육용 돼지고기 1.5kg(앞다리, 삼겹살) □ 통마늘 10개 □ 대파 1대 □ 양파 1개
[양념] □ 다진 생강 3스푼 □ 월계수 잎 1~2개 □ 콜라 2컵 □ 간장 8스푼

1

수육용 돼지고기 1.5kg을 준비합니다. 지방이 많은 걸 선호하면 통삼겹이나 오겹살을, 지방이 적은 걸 선호하면 통앞다리살을 준비하세요. 고기를 4cm 크기로 깍둑썰어주세요.

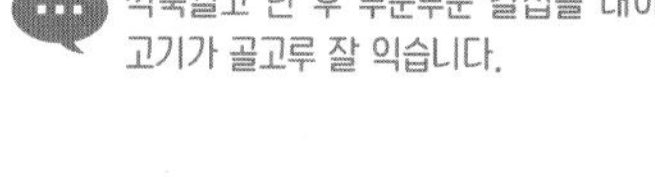

깍둑썰고 난 후 부분부분 칼집을 내야 고기가 골고루 잘 익습니다.

2

냄비 바닥에 양파를 썰어서 깔아주세요. 양파가 크면 1/2개, 작으면 1개가 적당합니다. 취향에 따라 조금 더 넣어도 무관합니다.

3

양념은 복잡할 것 없이 콜라 2컵과 간장 8스푼이면 끝입니다.
양파 위에 돼지고기, 통마늘 10개, 다진 생강 3스푼을 넣고 양념으로 콜라 2컵과 간장 8스푼을 넣어주세요.

'무슨 콜라야?'라는 생각이 들 수 있지만, 콜라에 있는 인산 성분이 육질을 부드럽게 해주고 특유의 잡내도 제거해준답니다. 실제로 중국에서는 육류 요리에 콜라를 많이 이용합니다.

4

큼직하게 썬 대파를 넣어주세요. 월계수잎은 생략 가능합니다.

마지막에 대파를 송송 썰어 넣어야 하기 때문에, 여기서 대파 조금은 남겨주세요!

5

뚜껑을 덮고 중불에서 20분간 끓여주세요. 월계수잎은 중간에 건져주세요.

수육처럼 삼삼하게 드시고 싶으신 분들은 이 단계까지 마무리한 뒤 드셔도 괜찮습니다.

6

국물을 끼얹으면서 조금만 더 졸이면 맛있는 동파육을 맛볼 수 있습니다. 마지막으로 잘게 썬 대파를 올리고, 1~2분 정도만 더 끓이면 완성입니다.

15분 정도 더 졸이면 국물이 자작해지면서 고기에 윤기가 돌고 캐러멜 색이 납니다.

소고기 미역국

소요 시간 : 30분  난이도 : 하

※ 어려운 과정 없이 쉽게 만들 수 있는 요리입니다.

엄마는 미역국이 제일 쉽다고 하던데, 거짓말 같다고요? 아직 미역국 끓이는 법을 모른다면 주목! 진짜 쉬워서 한 번 익혀두면 언제든 휘리릭 만들 수 있게 될 거예요. 할 줄 아는 국이 생기면 요리에도 한결 자신감이 붙고요.

참기름에 고기 볶는 것, 액젓 넣는 것만 잊지 않으면 맛있는 미역국이 뚝딱입니다. 돌아오는 내 생일과 엄마 생일에는 직접 만든 따끈한 미역국으로 마음을 전해보세요.

재료 준비

[재료] □ 소고기 150g □ 미역 10g □ 물 700ml

[양념] □ 참기름 2스푼 □ 국간장 3스푼 □ 액젓 1스푼 □ 다진 마늘 1/2스푼(선택)

미역 10g을 물에 불립니다. 양이 좀 적어보여도, 물에 불리면 몇 배는 커지니 걱정하지 않아도 됩니다.

2

중약불로 예열한 냄비에 참기름 2스푼을 두르고, 소고기 150g을 달달 볶아줍니다.

참기름은 발연점이 낮아서 강불에서 볶으면 발암물질이 생길 수 있으니 중약불을 유지하면서 볶아주세요.

소고기 부위는 크게 상관없어요. 양지나 목등심, 우둔살, 사태 등 본인이 선호하는 부위를 사용하면 됩니다.

3

소고기 겉이 노릇하게 익을 때쯤 불린 미역도 함께 넣어줍니다. 넣고 바로 물을 붓기보다는, 국간장 3스푼을 먼저 넣어서 건더기들을 먼저 볶아야 간이 잘 뱁니다. 국간장이 배도록 잠시 더 볶아주세요.

물 700ml를 부어주세요.

다진 마늘도 1/2스푼 넣어주세요. 액젓 1스푼을 넣고 이대로 푹 끓이면 완성입니다.

미역국에 다진 마늘이 안 들어가는 지역도 많으니 선호하는 대로 넣어주세요.

미역국은 오래 푹 끓일수록 맛있으니, 시간이 있다면 물을 조금씩 추가하면서 오래 끓여주세요.

수육

소요 시간 : 60분 난이도 : 중

※ 조리 시간은 길지만 조리 과정이 간편한 요리입니다.

수육. 보기보다 품이 많이 안 들고 간단한데, 집에서 해먹기 힘들지 않나 생각하는 분들이 많은 것 같아요. 한 번만 해보면 이렇게 쉬운 요리였다니 하고 자주 찾게 되실 거예요.

언제 먹어도 맛있지만 특히 갓 담근 새 김치와의 궁합은 말이 필요 없죠. 세상에서 제일 맛있는 메뉴라 해도 과언이 아닙니다. 남은 육수는 고기 국수로 재활용하면 되니 남겨두세요!

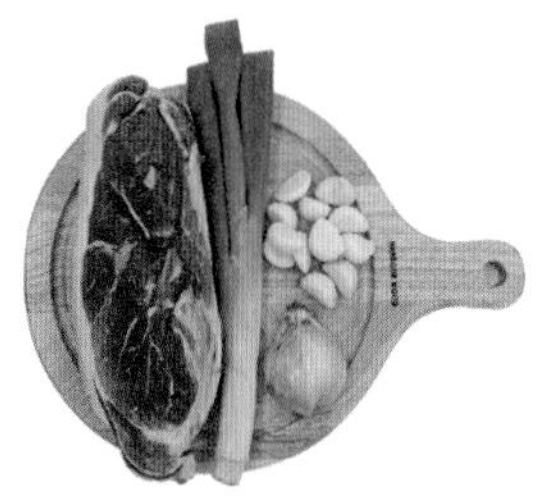

재료 준비

[재료] □ 돼지고기 0.8~1kg □ 마늘 1줌(12개 내외) □ 대파 1/2대 □ 양파 1/2개 □ 물 2L

[양념] □ 간장 90ml □ 된장 2스푼 □ 통후추 1/2스푼 □ 맛술 3스푼

1 팬에 기름을 넉넉히 두른 다음, 돼지고기를 껍질부터 넣어서 튀기듯이 굽습니다. 모든 면이 노릇하게 익도록 굴려가며 익혀주세요.

2 겉면을 다 익힌 고기를 빼내면 돼지기름이 남는데, 이때 팬을 닦지 말고 돼지기름에 마늘과 대파, 양파를 구워주세요.

3 **2**번에 간장 90ml, 된장 2스푼, 통후추 1/2스푼, 맛술 3스푼을 넣어주세요.

월계수잎은 있는 경우에만 넣으면 됩니다. 맛술은 생강 맛술이면 더욱 좋지만, 일반적인 미림이나 맛술이어도 괜찮습니다.

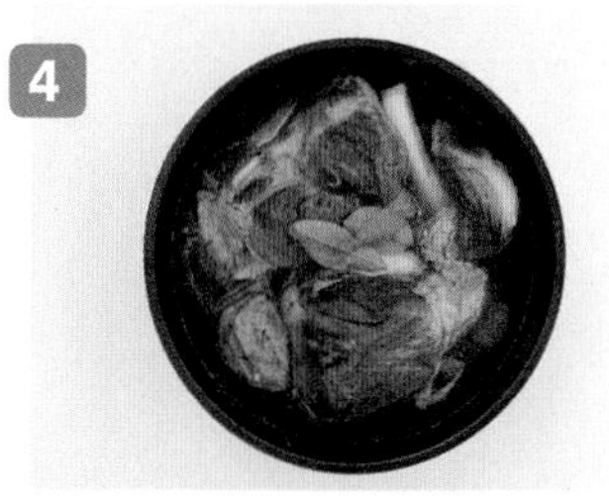

4 고기가 잠기도록 물 2L를 붓고 통으로 삶는 경우 30~40분 정도 끓이면 적당합니다.

이때 나온 고기 육수는 버리지 말고 나중에 고기 국수나 차돌된장 등 다른 요리를 할 때 요긴하게 사용하면 좋습니다.

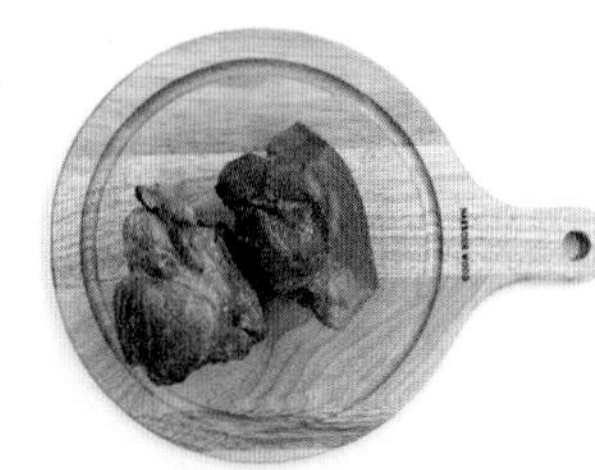

5 잘 삶아진 고기는 먹기 좋은 크기로 썰어서 김치나 굴 무침을 곁들이면 완성입니다.

6 고기를 썰 때는 칼을 날카롭게 갈아서 되도록 왔다 갔다 하지 말고 한 번에 뚝 잘라야 으깨지거나 결이 망가지지 않아요.

고기국수

소요 시간 : 20분 난이도 : 하

※ 수육이 완성된 상태에서 국수만 삶으면 되는 요리입니다.

수육을 만들고 남은 육수, 혹시 버리셨나요? 그 국물로 제주에서 먹었던 고기국수를 간단히 재현할 수 있답니다. 따로 고기국수를 만들려면 손이 많이 가지만, 수육 만들 때 덤으로 즐기는 고기국수는 간편하면서도 식탁을 풍성하게 채워주는 비장의 메뉴예요. 육향 가득한 국물을 그대로 살려 더 깊은 맛을 느낄 수 있죠. 버릴까 고민했던 국물, 얼려두었다가 꼭 활용해보세요. 제주를 떠올리게 하는 특별한 한 그릇이 될 거예요!

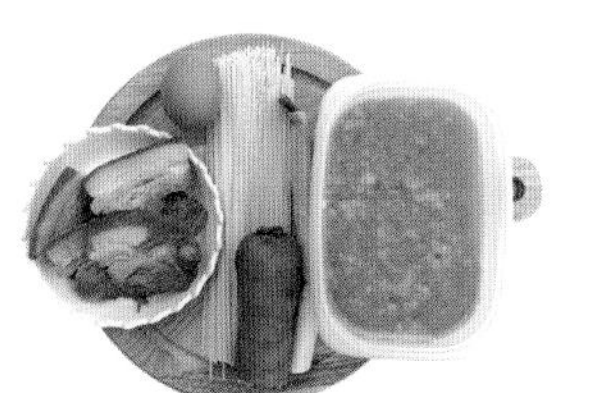

재료 준비

[재료] □ 국수 1인분 □ 수육 육수 300g □ 사골 육수 500g □ 계란 1개 □ 대파 1/3대
□ 기타 야채(당근 1/2개 등)

[양념] □ 다진 마늘 1스푼 □ 액젓 1스푼 □ 간장 1스푼 □ 고춧가루 1스푼 □ 깨 2꼬집

1

수육을 삶고 남은 육수 300g과 사골 육수 500g을 냄비에 붓고 끓여주세요.

2

육수가 끓을 동안 다진 마늘 1스푼, 액젓 1스푼, 간장 1스푼, 고춧가루 1스푼으로 다진 양념을 만듭니다.

3

1번의 육수가 끓기 시작하면 냉장고에 있는 자투리 야채를 썰어 넣어줍니다.

4

계란은 풀어서 넣어도 되고, 지단으로 올려도 괜찮아요. 대파를 넣어서 육수를 마무리합니다.

5

국수는 넘치려고 할 때마다 물을 조금씩 넣어가며 삶은 다음 찬물로 여러 번 헹궈줍니다.

6

국수에 만들어둔 국물을 붓고 96p에서 만들고 남은 수육도 얇게 썰어올린 다음 깨와 후추, 다진 양념을 올려주면 완성입니다.

소고기 불고기

소요 시간 : 40분(재우는 시간 제외) 난이도 : 하

※ 양념에 재운 후 볶기만 하면 되는 간단한 요리입니다.

예전부터 잔칫상에 빠질 수 없는 음식이죠. 지금만큼 배달 음식, 외식 음식이 다양하지 않았던 어릴 적 중요한 날에는 꼭 상 위에 올라왔던 음식입니다. 양념을 조금 더 넉넉하게 만들어서 취향에 맞게 당면이나 우동 사리를 추가해 먹어도 좋습니다.

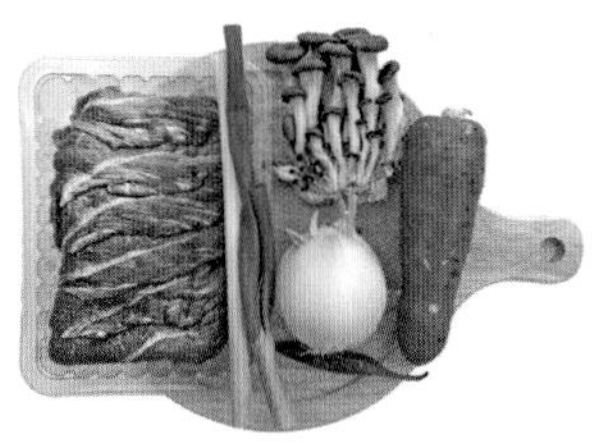

재료 준비

[재료] □ 소고기 500g □ 양파 1개 □ 당근 1/3개 □ 대파 1대 □ 버섯 2줌 □ 청양고추 1개

[양념] □ 설탕 3스푼 □ 다진 마늘 1스푼 □ 간장 4스푼 □ 매실액 1스푼 □ 참기름 2스푼 □ 청주(맛술) 1스푼 □ 후추 1꼬집

1

설탕 3스푼, 다진 마늘 1스푼을 넣고 고기를 버무려서 30분간 재워주세요.

2

채소들을 먹기 좋게 채썰어주세요. 간장 4스푼, 매실액 1스푼, 참기름 2스푼, 후추 약간과 청주(맛술) 1스푼을 넣고 조물조물 버무려주세요. 이때 손질해둔 야채도 넣고 함께 섞어주세요.

3

중불로 예열한 팬에 불고기를 넣고 볶아주세요.

4

고기 겉면이 익을 때쯤 버섯 2줌과 청양고추 1개를 넣고 깨를 솔솔 뿌려서 마무리해주세요.

5

먹을 만큼 접시에 예쁘게 담아내면 완성입니다.

불고기 김치국수

소요 시간 : 10분(불고기 조리 시간 제외) 난이도 : 중

※ 불고기를 따로 조리하는 과정이 필요하지만 전체적으로 간단한 메뉴입니다.

백종원 님께서 불고기 식당에 솔루션을 주시다가, 김치를 같이 익혀 먹어도 맛있다고 하셨을 때 그 말에 아이디어를 얻어 후다닥 만들게 된 레시피예요.

고기부터 먹은 후 칼국수와 죽을 후식으로 먹는 게 샤브샤브를 제대로 먹는 방법이잖아요? 불고기로도 가능해요. 불고기를 어느 정도 먹어서 배가 차면 소면과 김치로 불고기 김치 국수를 만들어서 먹고, 이후 불고기죽으로 마무리하면 어지간한 코스 요리 부럽지 않답니다.

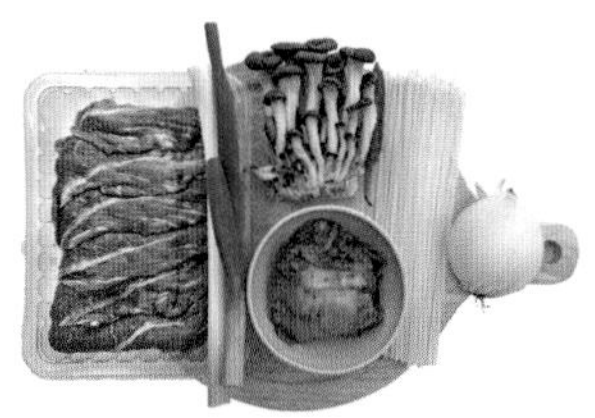

재료 준비

[재료] □ 조리된 불고기 200g(조리법 100p 참고) □ 김치 1/2컵 □ 청양고추 2개 □ 소면 1인분 □ 물 500ml □ 소금 1꼬집

불고기 200g을 준비해주세요(불고기 조리법은 100p를 참고해주세요).

조리된 불고기 200g을 중불에서 볶다가 물 500ml를 붓고 끓여주세요.

김치 1/2컵을 작게 잘라 넣고 김치가 익어서 아삭하지 않을 때까지 함께 끓여주세요.

입맛에 맞게 소금 간을 맞추고, 매콤한 걸 좋아하면 청양고추도 2개 송송 썰어 넣어주세요.

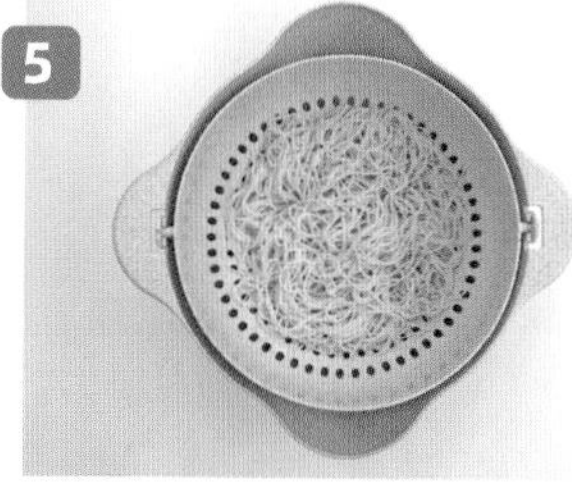

소면은 3분 정도 삶아주세요

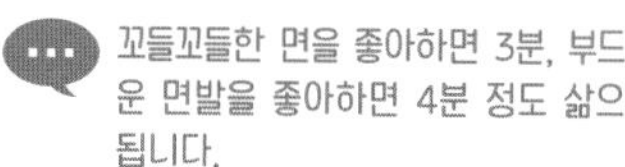

꼬들꼬들한 면을 좋아하면 3분, 부드러운 면발을 좋아하면 4분 정도 삶으면 됩니다.

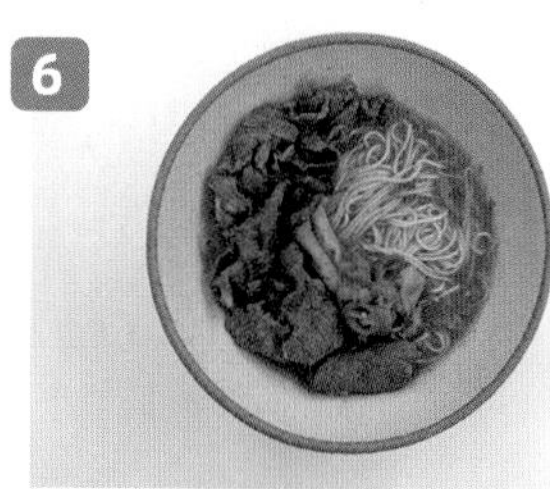

다 익은 소면 위에 김치 불고기를 올리면 완성입니다.

불고기 죽

소요 시간 : 25분(불고기 조리 시간 제외) 난이도 : 중

※ 조리 과정은 쉽지만 불고기부터 만들려면 시간이 많이 소요되기 때문에 레시피 북 내에 있는 불고기를 조리했을 시 남은 불고기로 하는 것을 권장드립니다.

불고기와 죽의 조합이 처음에는 조금 신기했는데, 맛도 맛이지만 죽의 단점을 보완해주더라고요. 죽을 먹으면 소화가 잘 되어서 속은 편하지만 대신 배가 빨리 고파진다는 단점이 있죠. 하지만 불고기가 듬뿍 들어간 불고기 죽은 속은 편하면서도 배는 든든하답니다.

재료 준비

[재료] □ 조리된 불고기 300g(조리법 100p 참고) □ 양파 1/2개 □ 대파 1/2개 □ 당근 1/2개 □ 버섯 1줌 □ 고추 1~2개 □ 밥 1공기 □ 물 600ml □ 참기름 1스푼 □ 참깨 1꼬집

1

불고기(약 300g)를 가위로 잘라주세요.

2

밥 1공기를 넣고 물 600ml를 부어서 밥을 주걱으로 부순 후, 졸아들 때까지 끓여주세요.

… 중간중간 저어가면서 졸여야 바닥에 눌어붙지 않습니다.

… 냄비가 넓어서 물이 빨리 졸아든다면 조금씩 추가해도 좋아요.

3

밥알이 풀리고 물기가 졸아들면 참기름과 참깨를 뿌리서 완성합니다. 싱겁다면 간을 보고 소금 간을 조금 추가해도 좋아요.

닭 떡볶이

소요 시간 : 20분(재우는 시간 제외) 난이도 : 하

※ 어려운 조리 과정이 없는 단순한 요리입니다.

닭갈비에 있는 떡을 너무 좋아해서 떡 사리를 꼭 추가하는데, 저만 그런 거 아니죠? 떡볶이 떡과는 또 다른 매력이 있는 닭갈비 떡! 그래서 준비한 닭 떡볶이 레시피예요. 떡이 메인이지만 닭고기도 듬뿍 들어가 있어 딱 알맞은 비율을 자랑한답니다. 국물 농도를 조절하며 즉석 떡볶이처럼 즐길 수 있는 재미까지 있으니, 떡과 닭을 동시에 좋아하신다면 꼭 한번 만들어보세요!

재료 준비

[재료] □ 닭다리살 400g □ 떡 300g □ 대파 1대 □ 양배추 3장 □ 물 2컵

[양념] □ 고춧가루 3스푼 □ 설탕 3스푼 □ 다진 마늘 2스푼 □ 고추장 4스푼 □ 맛술 4스푼 □ 매실액 2스푼 □ 간장 5스푼

1 고춧가루 3스푼, 설탕 3스푼, 다진 마늘 2큰술, 고추장 4스푼, 맛술 4스푼, 매실액 2스푼, 간장 5스푼을 넣고 양념을 만들어주세요. 매실액은 없으면 생략해도 괜찮아요.

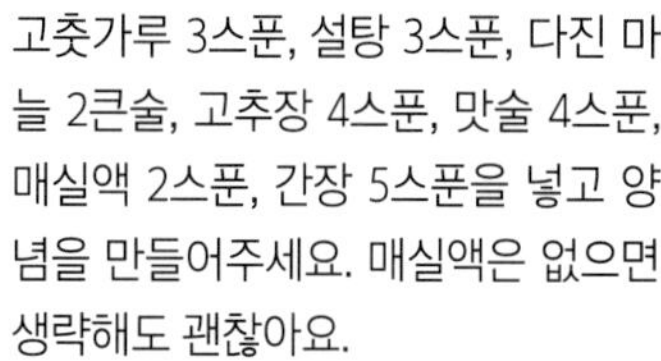

2 양념에 자른 닭다리살을 넣고 조물조물 버무려서 2시간 정도 재워주세요.

3 대파 1대와 양배추 3장을 한 입 크기로 잘라서 기름을 두른 팬에 볶아주세요. 양배추의 숨이 살짝 죽을 때까지만 볶아야 해서, 양배추를 나중에 넣어도 좋아요.

4 재워둔 닭고기를 넣고 물 2컵을 부어서 끓여주세요.

5 닭고기의 겉이 익으면 떡 300g을 넣고 국물을 졸이면서 저어주세요.

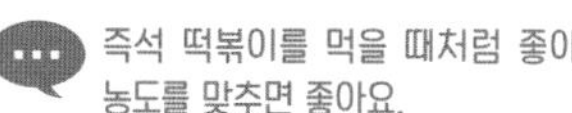

즉석 떡볶이를 먹을 때처럼 좋아하는 농도를 맞추면 좋아요.

6 완성. 미림이 있다면 1/2스푼 정도 함께 넣으면 파는 맛과 더 비슷해집니다. 취향에 따라 물 1.5컵과 쫄면 사리까지 넣어서 쫄면이 익을 때까지 끓여도 좋아요.

마라닭

소요 시간 : 20분(재우는 시간 제외) 난이도 : 하

※ 어려운 조리 과정이 없는 단순한 요리입니다.

대부분 마라탕으로 마라 소스를 처음 접하셨을 거예요. 저도 마라탕으로 마라 소스를 처음 접했는데, 입 속이 화한 매콤한 맛이 중독적이어서 한 번 먹으면 계속 찾게 되더라고요.

그런데 이런 매운맛이 생각나지만 막상 마라탕 속의 재료들은 끌리지 않을 때가 있죠. 그럴 때 마라 소스로 매콤하게 볶은 닭 한 접시면 밥 한 그릇, 술 한 병이 동시에 없어지는 현장을 목격할 수 있답니다!

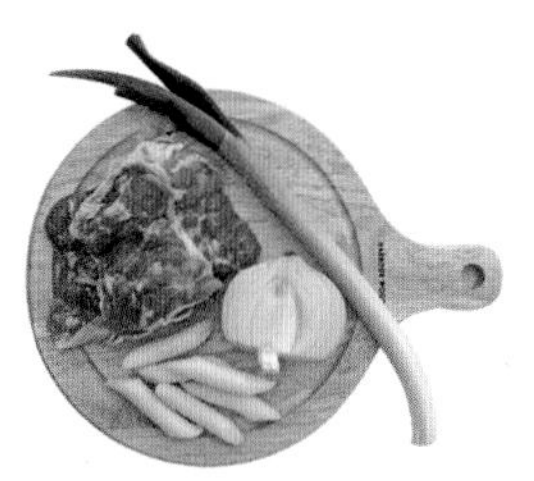

재료 준비

[재료] □ 닭다리살 400g □ 양파 1/2개 □ 대파 1대 □ 떡 1줌

[양념] □ 마라 소스 4스푼 □ 설탕 1스푼 □ 간장 1스푼 □ 고추장 1.5스푼 □ 매실액 1스푼(선택) □ 후추 1꼬집

마라 소스 4스푼, 설탕 1스푼, 간장 1스푼, 고추장 1.5스푼, 매실액 1스푼(선택)으로 양념을 만들어주세요. 간장 대신 굴소스를 넣어도 맛있습니다.

마라 소스마다 짠맛이 달라서, 만약 짠맛이 강한 마라 소스라면 간장을 생략하고 나중에 간을 맞추는 게 좋아요.

2

닭고기 400g을 먹기 좋은 크기로 잘라서 만들어둔 양념에 조물조물 버무려주세요.

3

팬에 기름을 넉넉하게 두르고 양파 1/2개와 대파 1대를 썰어 볶아주세요.

4

파기름이 나오게 볶다가 버무려둔 닭고기도 함께 넣고 볶아주세요.

고기 겉면이 익으면 다른 채소와 떡도 함께 넣어서 볶아주세요. 가장 큰 닭고기를 반 잘랐을 때 속까지 모두 익었으면 불을 끄면 됩니다.

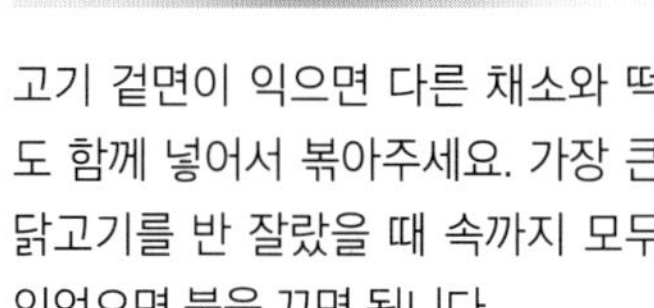

떡볶이 떡은 익는 데 시간이 오래 걸리는 편이라, 떡국 떡이나 조랭이 떡을 사용하는 게 더 좋아요.

6

완성된 마라닭에 후추를 살짝 뿌리면 완성입니다.

굴무침

소요 시간 : 20분 **난이도** : 중

※ 과정 하나하나가 어려운 건 아니지만, 재료 손질(굴, 야채 등)에 신경을 써야 하는 요리입니다.

물컹한 식감과 비린 맛 때문에 굴을 꺼리는 분들도 있지만, 신선한 굴은 맛과 영양 모두 뛰어난 고급 식재료죠. 우리나라에서는 굴을 비교적 저렴하게 구할 수 있어 더 매력적인데요. 비린내가 걱정된다면 간단히 무쳐서 매콤 시원한 제철 반찬으로 만들어보세요. 선선한 계절이 돌아오면 굴 같은 제철 해산물이 생각나곤 하죠. 이번 겨울엔 더 많은 분들이 굴의 매력을 알게 되셨으면 좋겠어요!

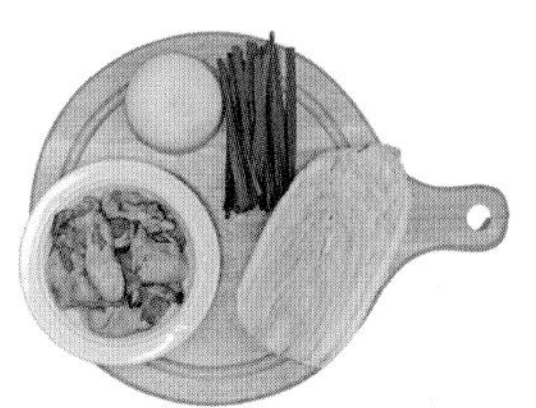

재료 준비

[재료] □ 무 100g □ 부추 1/2줌 □ 쪽파 1/2줌 □ 작은 배추 1/2개 □ 무침용 굴 150g □ 청양고추 1개(선택)

[양념] □ 고춧가루 3스푼 □ 식초 2스푼 □ 설탕 1스푼 □ 액젓 2스푼 □ 고추장 1스푼 □ 매실액 2스푼 □ 다진 마늘 1스푼 □ 참기름 1스푼 □ 소금 1꼬집(선택)

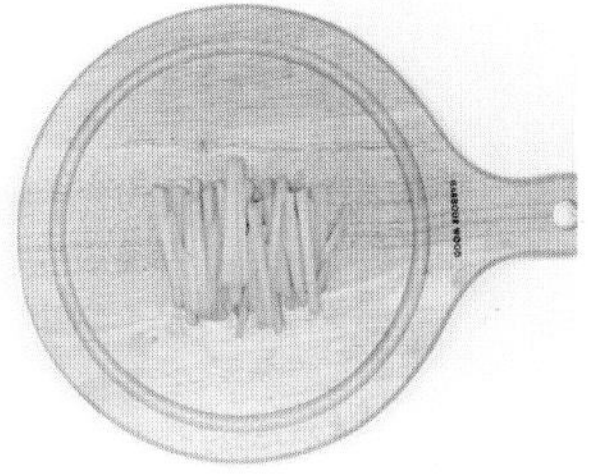

1 무 100g을 채썰어주세요.

소금에 절여서 물기를 한 번 빼면 먹는 중에 물이 나오지 않아요.

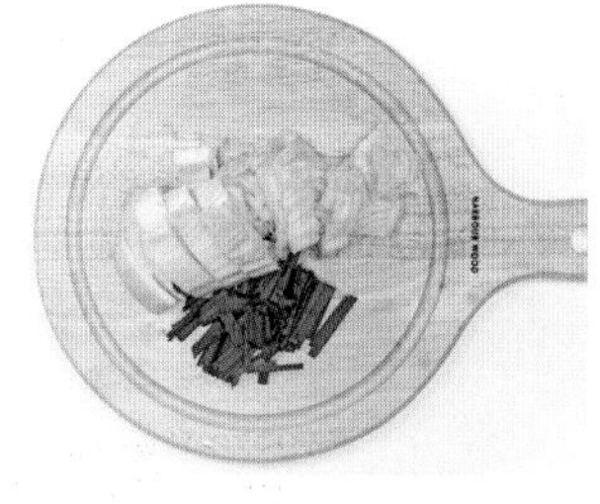

2 부추, 배추, 쪽파 등의 재료들도 먹기 좋은 크기로 썰어주세요.

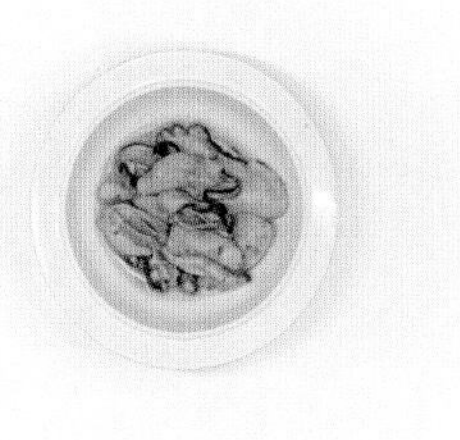

3 굴은 소금을 넣고 헹궈서 이물질을 제거해주세요.

4 고춧가루 3스푼, 식초 2스푼, 설탕 1스푼, 액젓 2스푼, 고추장 1스푼, 매실액 2스푼을 모두 넣어 양념장을 만들고 간을 본 뒤 취향에 맞게 소금과 청양고추를 약간 추가해주세요.

5 썰어둔 채소에 양념을 넣고 버무려주세요.

6 다진 마늘 1스푼, 굴 150g을 넣고 살살 섞으면 완성입니다.

전자레인지 배숙

소요 시간 : 20분 난이도 : 중

※ 전자레인지로 만들 수 있어서 간단하지만. 배 속을 파내는 작업이 생소할 수 있습니다.

감기로 고생할 때 만들어 먹은 배숙이에요. 따끈하고 달착지근한 배숙. 몸에도 든든하고 지친 마음에도 위로가 된답니다. 생강이나 대추는 취향에 따라 넣어도 빼도 괜찮지만, 배와 생강은 본래 찰떡궁합인 조합이니 생 생강이 부담스러우면 생강가루를 사서 톡톡 넣어도 좋습니다.

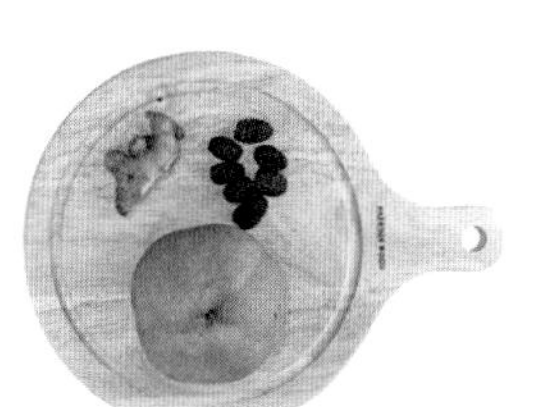
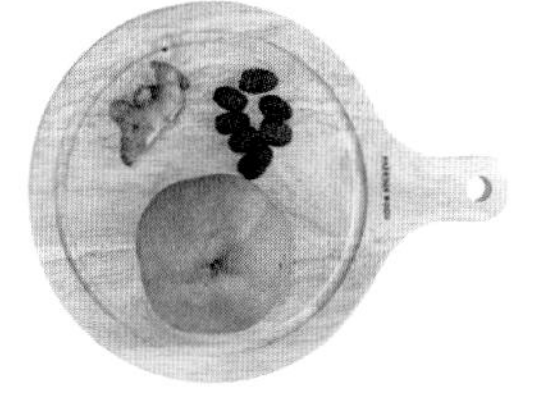

재료 준비

[재료] □ 배 1개 □ 대추 7알 □ 생강 1/2개 □ 꿀(취향에 따라 선택)

1

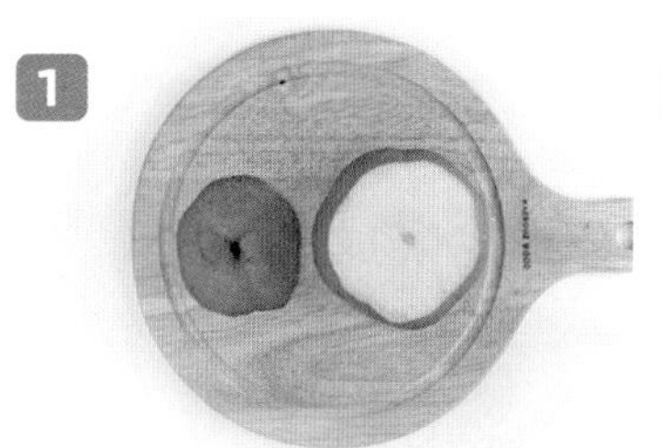

배는 식초를 조금 푼 물에 깨끗하게 씻고 윗부분을 살짝 잘라 뚜껑을 만들어주세요.

2

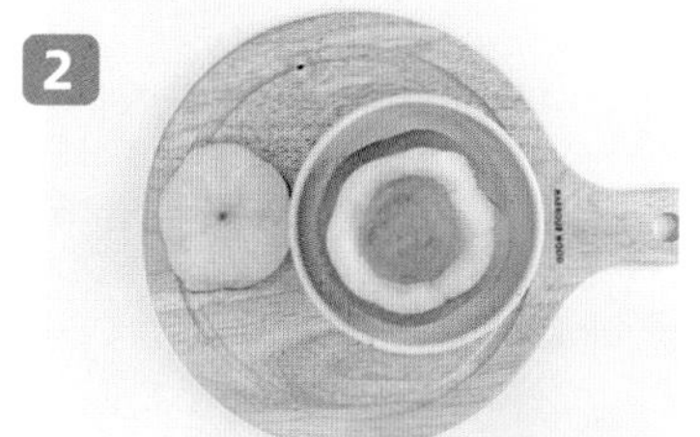

전자레인지에서 2분 30초간 돌려 말랑하게 만든 뒤 배 속을 파주세요. 뻣뻣한 심은 칼로 조심히 도려내는 게 좋아요.

배 속은 버리지 마세요. 다시 넣을 예정이에요.

3

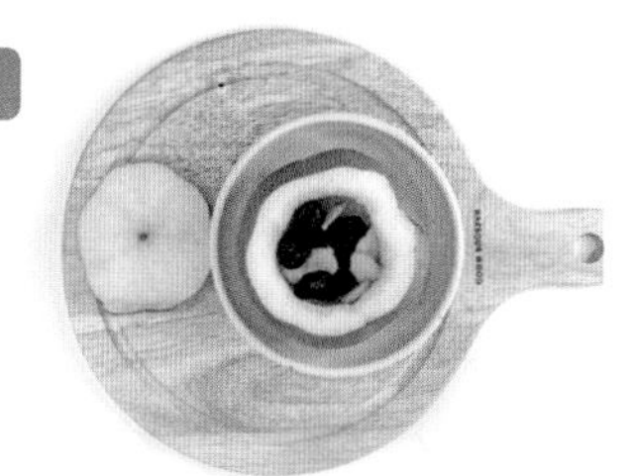

취향대로 생강, 대추를 넣은 뒤 꿀을 뿌려주세요. 생강의 매운 기가 중화된답니다.

4

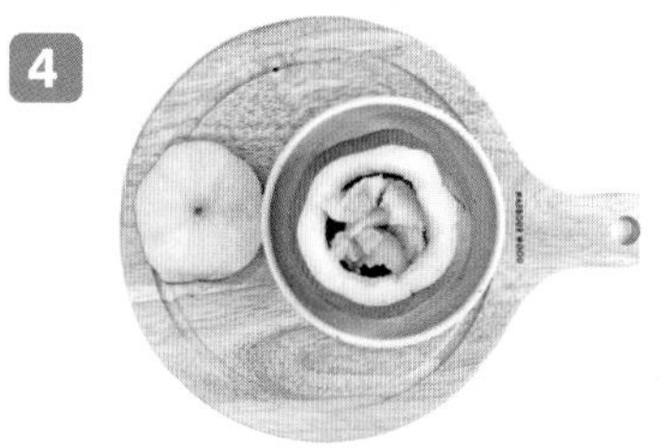

앞에서 파둔 배 속을 넣어주세요.

5

전자레인지용 용기에 물을 살짝 붓고 배를 넣고 랩을 씌워주세요. 구멍을 뚫은 다음 전자레인지에서 6분간 돌려주세요.

6

배가 충분히 부드러워질 때까지 전자레인지의 조리 시간을 조절하며 완성합니다.

오트밀 요거트 타르트

소요 시간 : 15분  난이도 : 하

※ 오트밀 컵만 잘 만들면 너무 쉬운 음식입니다.

집에 손님들이 올 때면 많이 만들었던 음식입니다. 오트밀과 땅콩버터에서 나오는 고소하고 달달한 맛과 요거트의 상큼함이 잘 어우러져서 식사 후 디저트로 먹기 딱 좋은 음식이에요. 생김새도 귀여워서 손님들한테 항상 반응이 좋았던 음식입니다. 샤인머스캣 말고도 딸기, 블루베리 등 취향에 맞는 과일을 올려도 맛있게 먹을 수 있어요.

재료 준비

[재료] □ 오트밀 1.5컵 □ 좋아하는 과일(선택) □ 알룰로스 3스푼 □ 땅콩버터 2큰술

1 오트밀에 땅콩버터 2스푼과 알룰로스 3스푼을 넣어서 섞어주세요.

2 섞은 반죽을 머핀 틀에 넣고 펼쳐주세요.

3 에어프라이어에서 160도로 10분간 구워주세요.

4 요거트로 속을 채워주세요. 만약 달지 않은 요거트라면 알룰로스나 과일잼을 섞은 후 올려주세요.

5 좋아하는 과일을 올려서 장식하면 완성입니다.

누룽지 된장 백숙

소요 시간 : 60분 난이도 : 하

※ 어려운 과정 없이 만들기 쉬운 요리입니다.

어릴적 몸이 허약해지면 늘 할머니가 해주시던 삼계탕 레시피입니다. 만드는 방법이 쉬워서 할머니께 배워 지금까지도 종종 해먹고 있는 음식이에요. 여러분도 몸이 허약해지는 날 한번 드셔보세요. 에너지는 최대한 쓰지 않고 만들어서 힘이 넘쳐날 거예요!

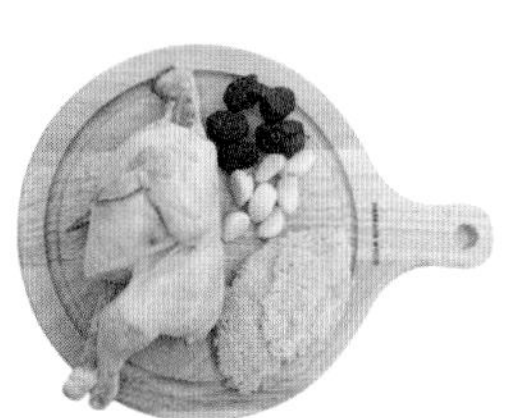

재료 준비

[재료] □ 닭 1마리 □ 마늘 1줌(6~8개) □ 대추 1줌(4~5알) □ 누룽지 1장 □ 물 적당량

[양념] □ 소주 100ml (잡내 제거용) □ 된장 1/2스푼

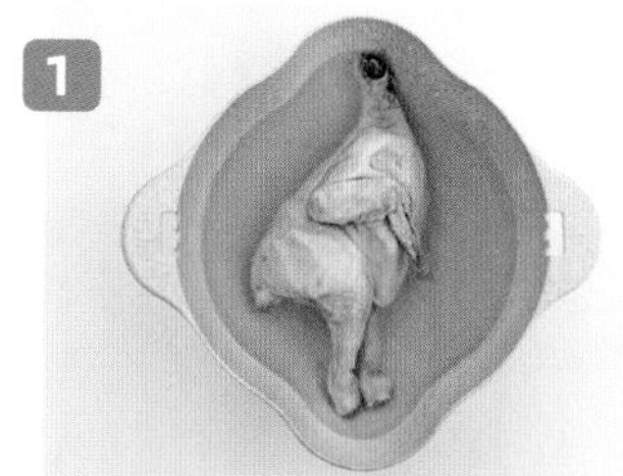

1 냄비에 닭이 잠길 만큼 물을 붓고 소주 100ml를 넣어서 잡내를 제거해주세요.

맛술이나 우유를 사용해도 좋고, 신선한 닭이라 잡내가 없다면 바로 사용해도 좋아요.

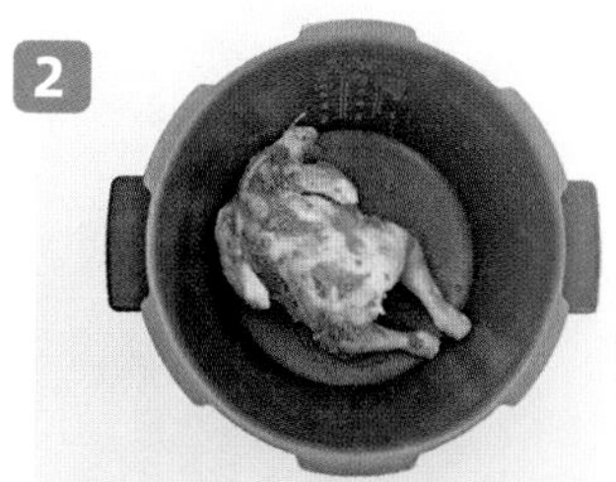

2 깨끗하게 씻은 닭은 꼬리의 지방 부분을 제거하고 밥솥에 넣어주세요. 된장 1/2스푼을 골고루 발라주세요.

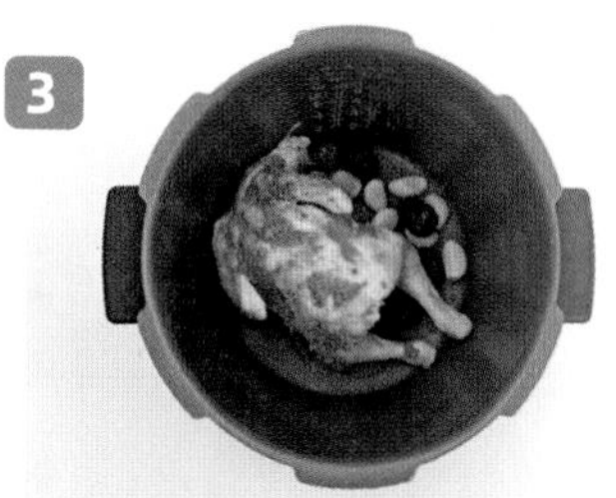

3 마늘 1줌(6~8개), 대추 1줌(4~5알)을 넣어주세요.

4 닭이 잠기도록 물을 붓고 누룽지 1장을 올려주세요.

이때 물이 밥솥의 최대 눈금을 넘지 않도록 하는 게 중요해요.

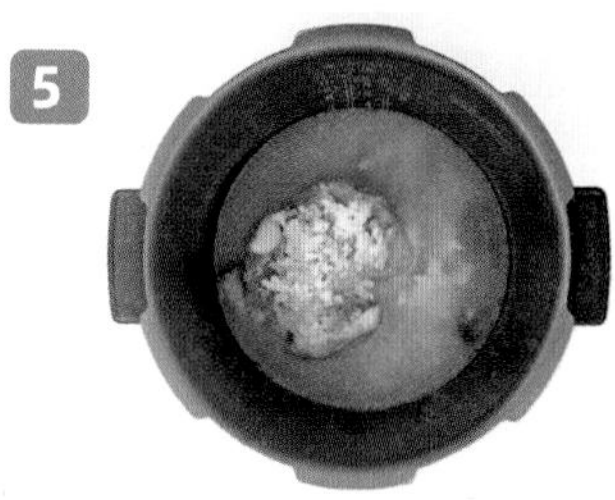

5 만능 찜 모드로 30분 조리한 후 열어서 확인해주세요. 물이 많이 줄어들었다면 1~2컵 추가한 후 만능 찜 모드로 20분 더 조리하면 완성입니다.

버터갈릭 로스트 치킨

소요 시간 : 50분 난이도 : 하

※ 어려운 과정 없이 쉽게 만들 수 있는 요리입니다.

LIVE CC

작은 통닭으로 할 수 있는 쉬운 요리예요. 통닭을 에어프라이어나 오븐에 구우면 간단하게 먹을 만한 요리가 되지만, 조금만 손을 대면 대접용으로도 손색없는, 특별한 메뉴로 거듭난답니다.

집에 있는 재료들로 오븐 통닭구이를 업그레이드해볼까요? 얼마나 달라지겠어 하고 대수롭지 않게 여기지 마시고 한번 시도해보세요. 노릇노릇한 색과 윤기, 한결 먹음직스러워진 향과 풍미에 반하실 거예요!

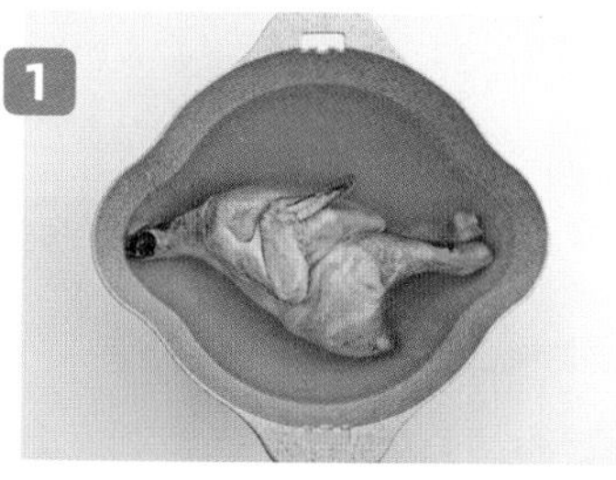

재료 준비

[재료] □ 닭 1마리 □ 양파 1개 □ 청양고추 1개

[양념] □ 다진 마늘 3스푼 □ 버터 2스푼 □ 식용유 1스푼 □ 설탕 1스푼 □ 맛술 1스푼 □ 소금 1꼬집 □ 후추 1꼬집

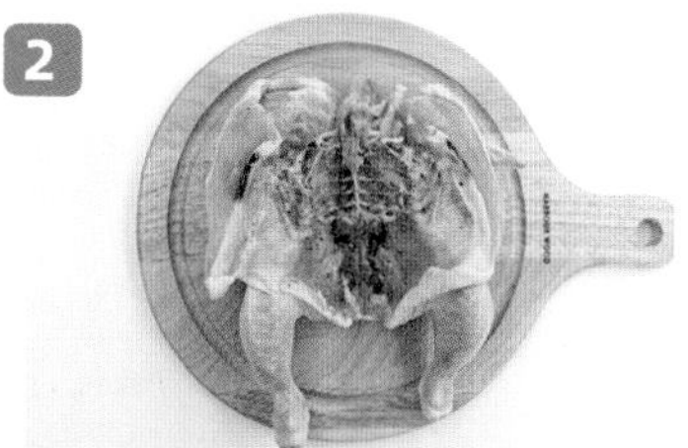

1 닭은 꼬리의 지방 부분을 잘라내고 물로 깨끗하게 씻어주세요.

소주(맛술)나 우유에 25분 정도 담궈서 잡내를 미리 잡아도 좋아요.

2 가슴 가운데를 자르고 소금과 후추로 밑간해주세요.

3 양파는 슬라이스하고 청양고추는 잘게 썰어주세요.

4 다진 마늘 3큰술과 실온에 둔 버터 2큰술, 식용유 1스푼, 청양고추와 설탕 1스푼을 넣고 섞어주세요.

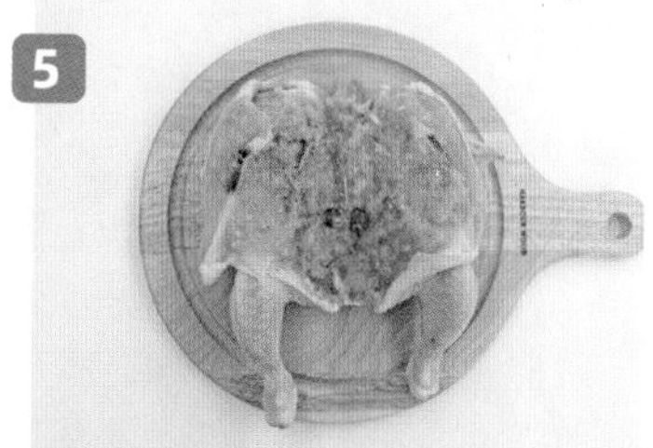

5 닭에 **4**번의 양념을 골고루 발라주세요.

닭의 살과 껍질 사이에도 바르면 양념이 더 잘 스며든답니다.

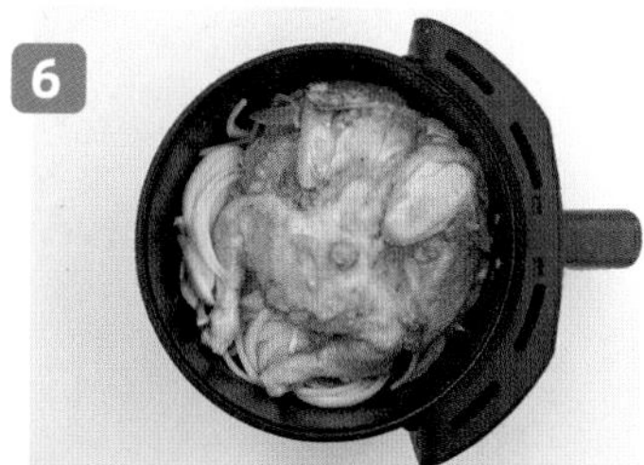

6 슬라이스한 양파 위에 닭을 올려주세요.

7 에어프라이어나 오븐 180도에서 20분간 구운 후 뒤집어서 20분 더 구우면 완성입니다.

에어프라이어나 오븐의 크기에 따라 더 빨리 탈 수 있으니 중간에 뒤집을 때 상태를 보고 시간을 조절하세요.

매콤 숯불 삼겹살

소요 시간 : 50분 난이도 : 중

※ 조리 시간이 오래 걸리는 요리입니다.

유명 숯불 치킨 브랜드를 먹고 삼겹살이랑 같이 먹어도 맛있겠다는 생각이 들어서 만들어본 레시피입니다! 생각보다 조합이 좋아서 계속 먹게 되더라고요. 조금 더 매콤하게 먹고 싶다면 청양고추를 조금 더 넣어 먹으면 고추기름이 자글자글하면서 또다른 매력을 느낄 수 있어요!

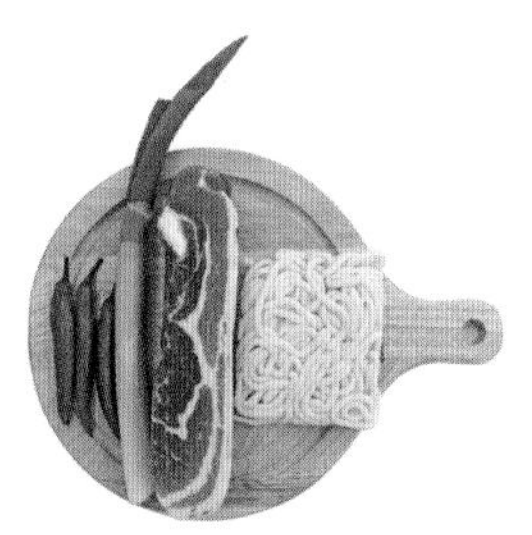

재료 준비

[재료] □ 통삼겹살 500g □ 대파 1대 □ 청양고추 3개 □ 우동 사리 1봉지

[양념] □ 소금 1꼬집 □ 후추 1꼬집 □ 고춧가루 3스푼 □ 설탕 2스푼 □ 물엿 4스푼 □ 다진 마늘 3스푼 □ 간장 4스푼 □ 케첩 2스푼 □ 굴소스 1스푼

1

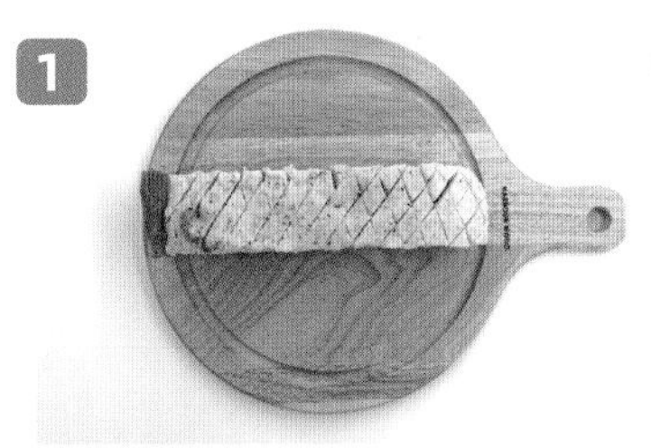

통삼겹 500g을 준비해서 골고루 잘 익을 수 있도록 칼집을 내주세요.

통삼겹을 구하기 어렵다면 일반 삼겹살로 해도 충분히 맛있어요.

2

칼집을 낸 삼겹살은 표면에 소금과 후추를 조금씩 뿌려 밑간을 해주세요.

3

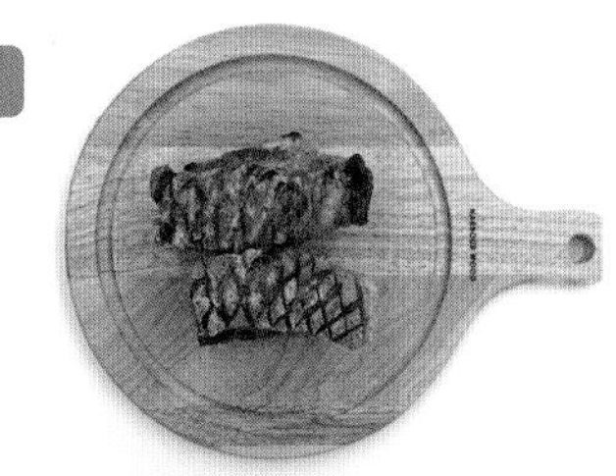

에어프라이어 200도에서 25~30분간 구워주세요.

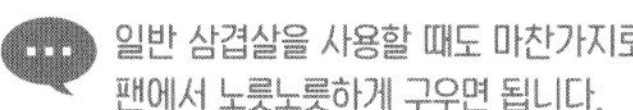

일반 삼겹살을 사용할 때도 마찬가지로 팬에서 노릇노릇하게 구우면 됩니다.

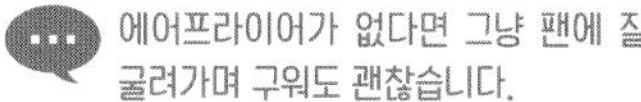

에어프라이어가 없다면 그냥 팬에 잘 굴려가며 구워도 괜찮습니다.

4

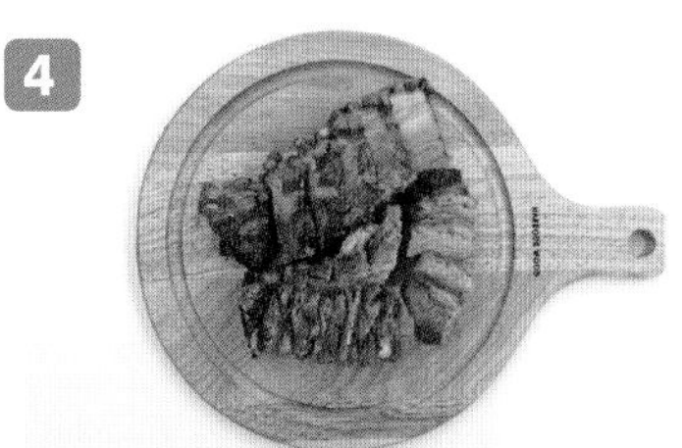

삼겹살이 다 구워지면 먹기 좋은 크기로 잘라주세요.

5

대파 1대를 송송 썰어주세요.

6

기름을 두른 팬에 대파와 고기를 같이 볶아주세요. 이때 다른 냄비에 우동사리를 삶아주세요.

7

고춧가루 3스푼, 설탕 2스푼, 물엿 4스푼, 다진 마늘 3스푼, 간장 4스푼, 케첩 2스푼, 굴소스 1스푼을 골고루 잘 섞어주세요.

케첩과 굴소스가 없다면 물엿, 간장, 고춧가루를 1스푼씩 더 넣으면 됩니다.

8

파기름이 나오면 물을 1컵 붓고, 만들어둔 양념장을 넣어줍니다.

9

조금 볶다가 삶은 우동 사리도 함께 볶아주세요.

우동 사리와 조합이 정말 좋으니 우동 사리는 꼭 추천합니다. 우동 사리를 좋아하지 않는다면 떡 사리나 라면 사리를 넣어도 맛있습니다.

10

청양고추 3개를 잘라 넣고 뒤적이며 토치로 불맛을 입힙니다.

집에 불맛 기름(화유)이 있다면 넣어도 같은 맛이 납니다.

토치가 없다면 센불에서 젓지 않고 잠시 놔둬서 밑이 살짝 눌어붙도록 하세요. 이때는 자리를 비우지 말고 틈틈이 살펴서 태우는 일이 없게 해주세요!

사골 없는 사골 떡국

소요 시간 : 60분 난이도 : 중

※ 고기를 볶고 지단을 만드는 과정이 있습니다.

설날의 상징 같은 음식, 떡국! 할머니와 엄마의 정성이 담긴 특별한 한 그릇이었죠. 독립 후엔 집에 내려가지 못할 때도 있고, 문득 그리울 때 혼자 만들어보곤 했는데요. 아무리 레시피를 따라 해도 뭔가 부족한 맛이 나서 이것저것 시도해봤어요. 그러다 발견한 비밀, 바로 우유! 떡국에 우유 1/2컵만 더하면 놀랍도록 깊고 부드러운 사골 같은 맛이 난답니다. '떡국에 웬 우유?' 싶겠지만, 한 번만 속는 셈 치고 넣어보세요. 후회하지 않으실 거예요!

재료 준비

[재료] □ 떡국 떡 250g □ 소고기 100~150g(불고기, 목심) □ 대파 1대 □ 계란 2개(지단용) □ 조미김 1봉지 □ 물 4컵

[양념] □ 우유 100ml □ 국간장 3스푼 □ 소금 1꼬집 □ 참기름 1/2스푼 □ 후추 1꼬집

1

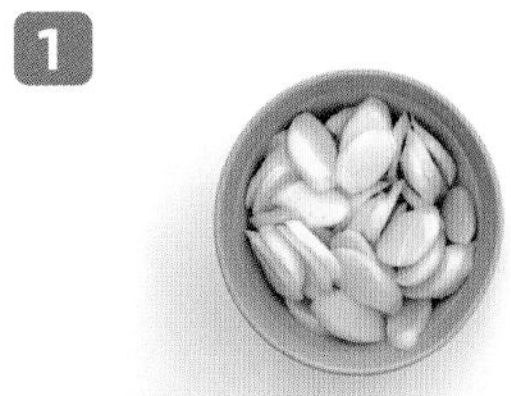

떡국 떡 250g을 미리 찬물에 30분 이상 불려주세요.

2

떡을 다 불렸다면 물을 붓고 국간장 1스푼으로 밑간을 해주세요. 삼투압 현상으로 떡이 더 오랫동안 쫄깃함을 유지한답니다.

3

소고기 100~150g을 준비해주세요. 국물용이라 부위는 크게 상관없으니 불고기용이나 목심 등 집에 있는 소고기를 활용하면 좋습니다.

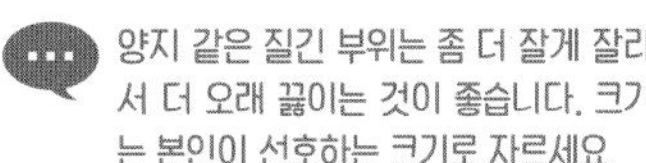

양지 같은 질긴 부위는 좀 더 잘게 잘라서 더 오래 끓이는 것이 좋습니다. 크기는 본인이 선호하는 크기로 자르세요.

4

냄비에 참기름 2스푼과 국간장 1스푼을 넣고 소고기를 달달 볶아줍니다. 참기름은 발화점이 낮으니 강불보다는 중약불에서 볶으세요.

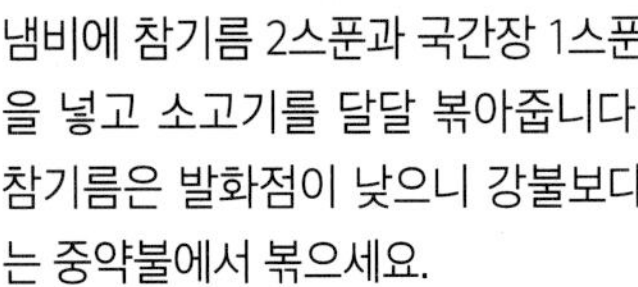

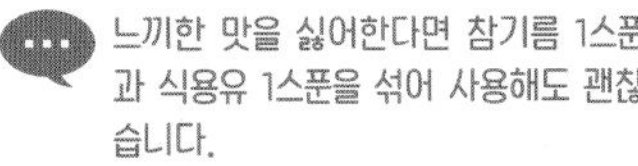

느끼한 맛을 싫어한다면 참기름 1스푼과 식용유 1스푼을 섞어 사용해도 괜찮습니다.

5

소고기가 완전히 바싹 익어야 국물에서 더 구수한 맛이 나기 때문에, 충분히 볶다가 고기가 다 익으면 물을 4컵(720ml) 정도 넣어주세요.

6

물이 끓기 시작하면 떡국 떡을 넣어주세요.

7

우유도 100ml를 넣어줍니다. 끓어오르면 소금 1티스푼, 국간장 1스푼, 후추 4꼬집을 넣어 간을 맞춰줍니다.

냄비 크기와 화력에 따라 물이 증발하는 양이 다르기 때문에, 맛을 보고 간을 조금씩 조절해주세요.

8

대파 1대는 흰 부분과 초록 잎(고명용) 부분을 따로 썰어주세요. 흰 부분은 끓고 있는 떡국에 넣어주세요.

9

계란 2개를 깨서 휘휘 저은 다음, 팬에 얇게 붓고 약불에서 살살 익혀주세요. 완성된 지단을 썰어주세요.

계란 지단 부치기가 어렵거나 귀찮다면 휘휘 저은 계란물을 떡국에 풀어도 맛있습니다.

10

떡국을 그릇에 담고, 조미김(떡국에는 일반 김보다 짭짤한 조미김이 더 잘 어울립니다)을 가위로 잘게 잘라 올립니다. 여기에 계란 지단과 대파를 고명으로 올리면 완성입니다.

Part. 4

손 까딱하기 싫은 날

배추 샐러드

소요 시간 : 20분　난이도 : 하

※ 배추를 잘라서 굽기만 하면 되는 간단한 요리입니다.

나이를 먹을수록 배추의 매력이 점점 더 느껴지지 않나요? 배추쌈, 배추전, 배춧국은 물론, 쌈장 찍어 먹는 생배추마저 착착 감기는 어른 입맛! 이번에는 그 배추를 색다르게 즐길 수 있는 혁명적인 레시피를 소개합니다. 저도 처음엔 반신반의했지만, 한 번 맛보고는 완전히 반해버렸어요. 간단한 재료와 조리법으로 이런 맛을 낼 수 있다니 놀랍죠. 건강한 맛을 좋아하는 분, 다이어트 중인데 채소가 물리신 분, 편식에서 벗어나고 싶은 분들께 자신 있게 추천합니다!

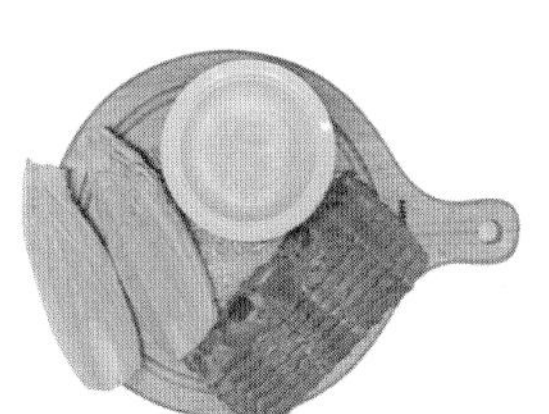

재료 준비

[재료] □ 알배추 1/2개 □ 베이컨 4~6줄

[양념] □ 후추 2꼬집 □ 소금 1꼬집 □ 파마산치즈 3스푼 □ 올리브유 2스푼

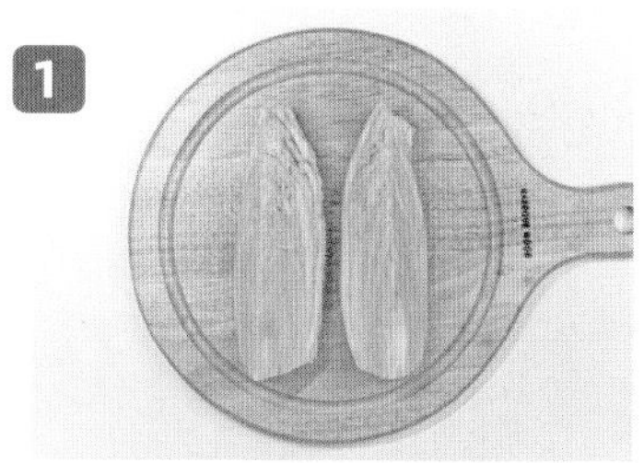

1 배추를 1/4 크기로 잘라 씻어주세요.

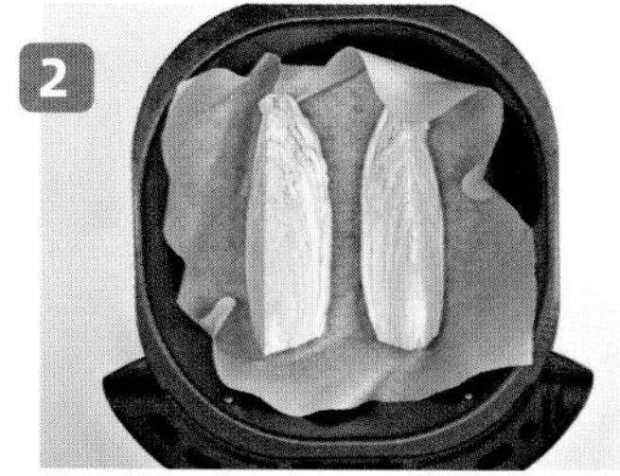

2 에어프라이어에 종이 호일을 깔고 배추를 넣어주세요.

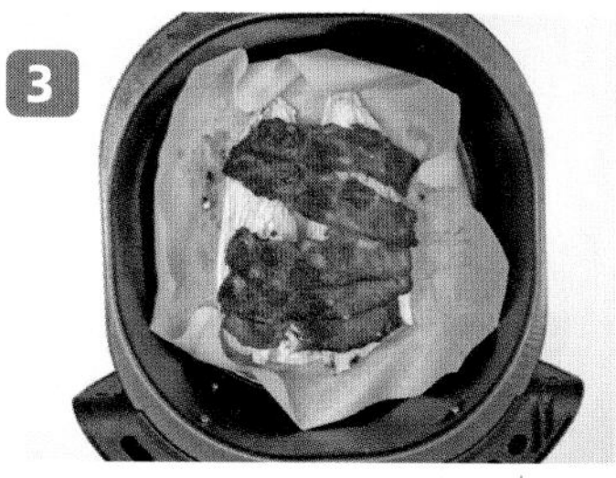

3 베이컨을 배추 위에 올리고 190도에서 12분 동안 돌린 후에 꺼내주세요.

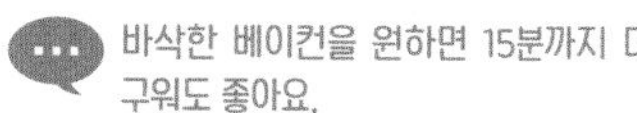

바삭한 베이컨을 원하면 15분까지 더 구워도 좋아요.

4 베이컨을 배추 위에 잘게 부숴서 뿌려주세요.

5 올리브유, 소금, 후추를 뿌린 다음 파마산치즈가루 또는 치즈를 갈아서 듬뿍 뿌리면 완성입니다.

순두부 계란찜

소요 시간 : 10분  난이도 : 하

※ 칼을 사용하지 않아도 되는 간단한 요리입니다.

순두부를 가미해 한층 다채로우면서도 전자레인지로 조리할 수 있어 간편한 순두부 계란찜을 소개할게요. 식물성, 동물성 단백질이 골고루 풍부하고 양념도 먹으면서 입에 맞게 조절할 수 있어 식사 대용 및 밥반찬으로 더할 나위 없답니다. 입안에 넣는 순간 계란과 순두부의 몽글몽글함이 기분 좋게 느껴져요.

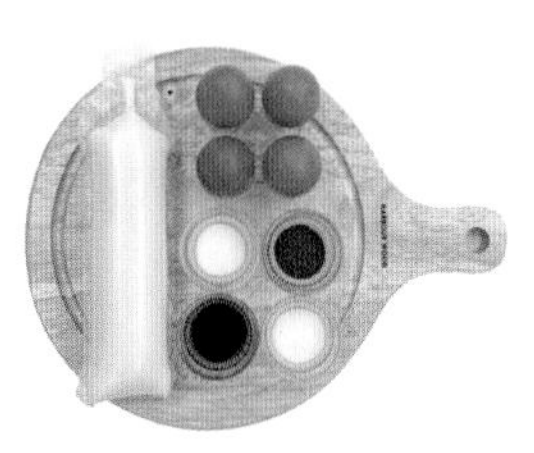

재료 준비

[재료] □ 계란 4개 □ 순두부 1개

[양념] □ 물 80ml □ 소금 1/2티스푼 □ 설탕 1/2티스푼 □ 고춧가루 1스푼
□ 카레가루 1/2스푼(선택) □ 간장 2스푼 □ 참기름 1스푼 □ 물 1스푼

1

전자레인지용 그릇에 계란 4개, 물 80ml, 소금 1/2티스푼, 설탕 1/2티스푼을 넣고 잘 저어주세요(소금은 새우젓 1티스푼으로 대체 가능합니다).

2

순두부 1개를 먹기 좋게 잘라 그 위에 올려주세요.

3-1 3-2

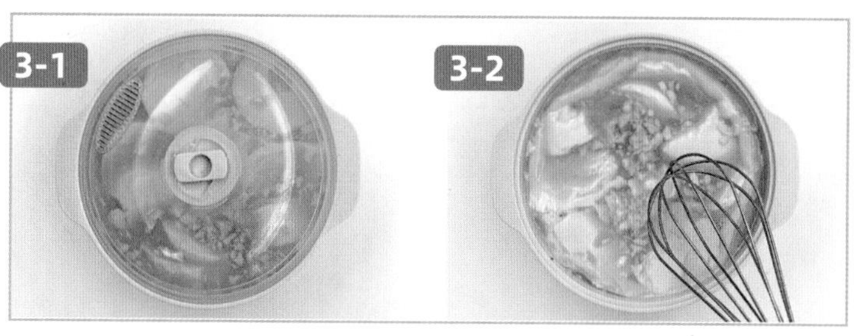

뚜껑을 덮거나 랩을 씌워서 전자레인지에서 3분간 돌려주세요. 이후 한번 저어서 2분 더 돌려주세요.

700와트 기준의 전자레인지에서는 2분 정도 더 돌리면 좋아요.

4

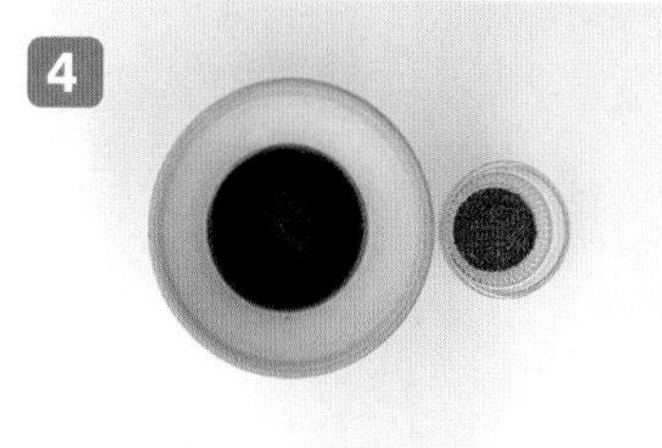

고춧가루 1스푼, 카레가루 1/2스푼(생략 가능), 간장 2스푼, 물 1스푼, 참기름 1스푼으로 양념장을 만들어주세요.

5

취향에 맞게 양념장을 올려 먹으면 완성입니다.

대파 토스트

소요 시간 : 만드는 데 5분, 굽는 데 10분 난이도 : 하

※ 쉬운 재료, 쉬운 조리 방법. 누구나 사용할 수 있는 도구들과 재료들로 만들어서 주말에 아이와 함께 만들어 먹기에도 좋아요.

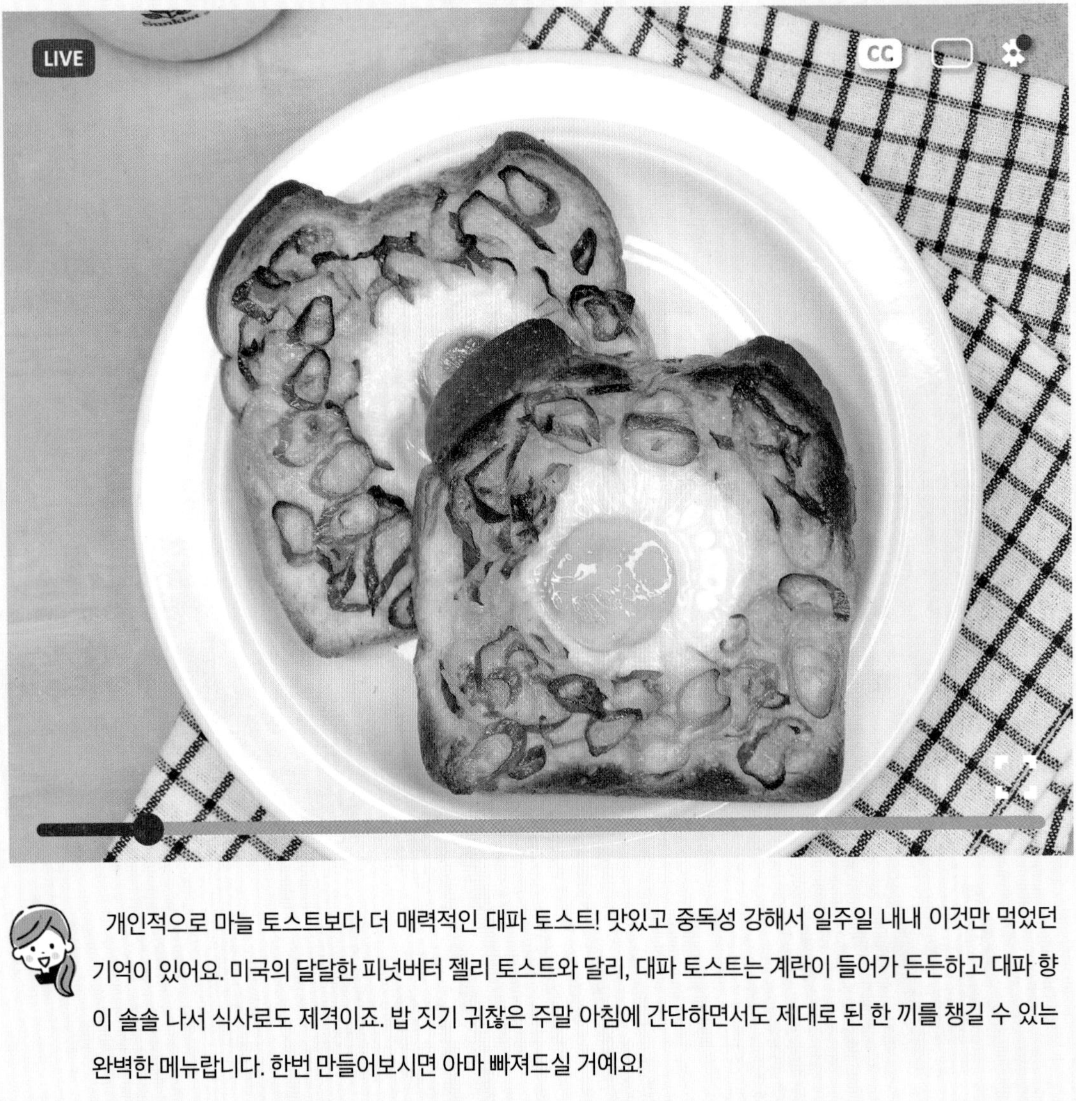

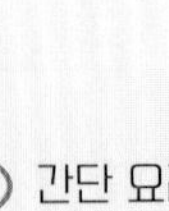

개인적으로 마늘 토스트보다 더 매력적인 대파 토스트! 맛있고 중독성 강해서 일주일 내내 이것만 먹었던 기억이 있어요. 미국의 달달한 피넛버터 젤리 토스트와 달리, 대파 토스트는 계란이 들어가 든든하고 대파 향이 솔솔 나서 식사로도 제격이죠. 밥 짓기 귀찮은 주말 아침에 간단하면서도 제대로 된 한 끼를 챙길 수 있는 완벽한 메뉴랍니다. 한번 만들어보시면 아마 빠져드실 거예요!

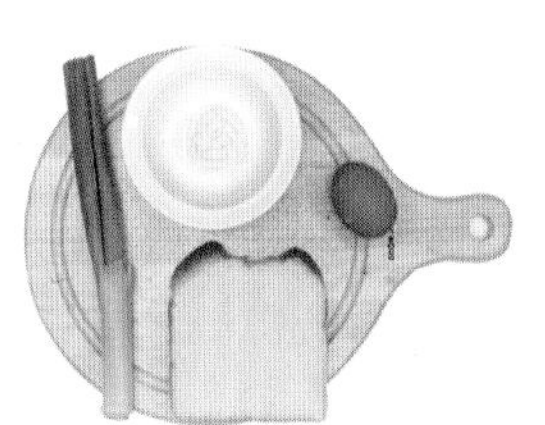

재료 준비

[재료] □ 대파 1/2대 □ 식빵 1장 □ 계란 1개

[양념] □ 설탕 1스푼 □ 마요네즈 2스푼 □ 소금 1꼬집

□ 파마산치즈 또는 파슬리가루 2꼬집(선택)

1

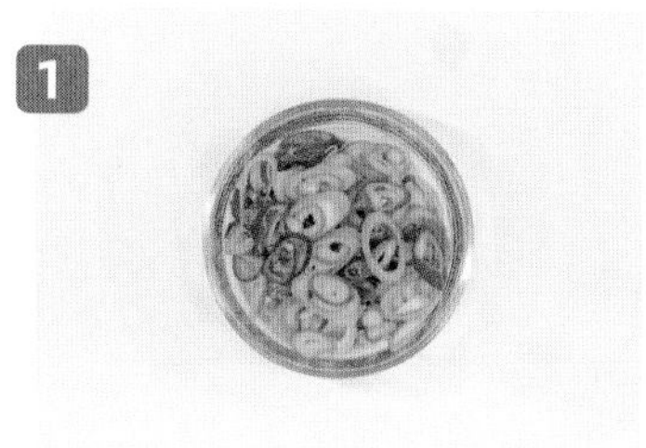

대파 1/2대를 송송 썰어 준비해주세요.

2

썰어둔 대파에 설탕 1스푼, 마요네즈 2스푼을 넣어 소스를 만들어주세요. 단맛을 싫어하면 설탕을 1/2스푼만 넣어도 좋아요.

3

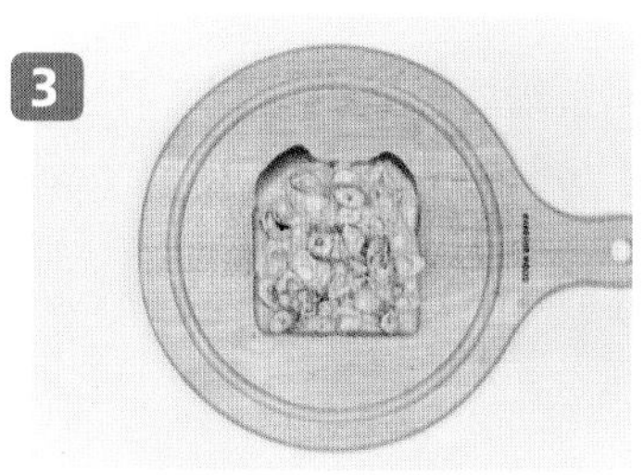

식빵에 만들어둔 대파 소스를 골고루 발라주세요.

4

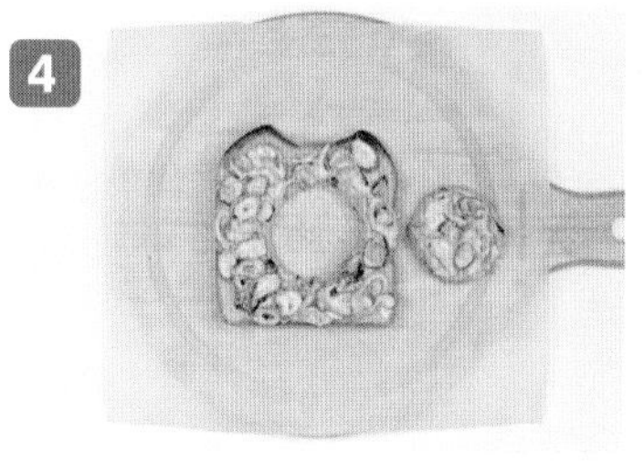

식빵 가운데에 컵으로 구멍을 뚫어주세요.

컵 크기는 맥주잔 정도가 적당해요.

5

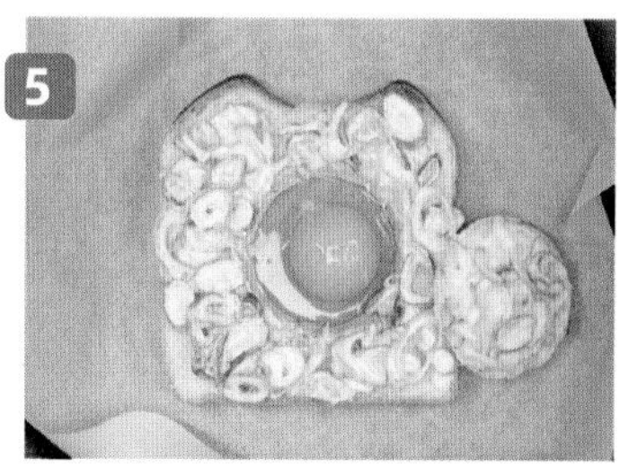

토스트를 종이 호일 위에 올리고, 가운데 구멍에 계란을 하나 깨 넣어주세요. 소금을 살짝 뿌리고, 에어프라이어 170~175도에서 10분 돌려주세요.

6

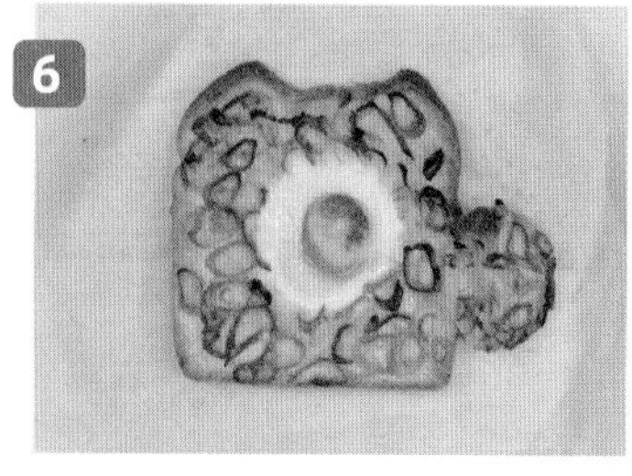

파마산 치즈가루나 파슬리가루를 뿌려 마무리하면 완성입니다. 칠리소스를 곁들여 먹어도 맛있습니다.

치즈 마늘 토스트

소요 시간 : 15분 난이도 : 하

※ 어려운 과정 없이 만들기 쉬운 간단한 요리입니다.

양식 같지만 마늘이 듬뿍 들어가 명예 한식이라 불러도 손색없는 이 토스트! 간식으로도, 든든한 한 끼 식사로도 완벽해요. 생마늘 향을 좋아하지 않는 분들도 달달하게 구워진 마늘 덕분에 맛있게 즐길 수 있답니다.

여기서 꿀팁 하나! 마요네즈 요리에 설탕을 살짝 더하면 마요네즈의 시큼함을 잡아줘 훨씬 조화로운 맛이 나요. 참치마요, 치킨마요 등에서도 이 팁을 활용하면 실패 없는 맛을 보장할 수 있습니다.

재료 준비

[재료] □ 식빵 2장 □ 모차렐라치즈 2줌

[양념] □ 다진 마늘 1스푼 □ 설탕 2스푼 □ 마요네즈 3스푼

1 다진 마늘 1스푼, 설탕 2스푼, 마요네즈 3스푼을 넣고 마늘소스를 만들어 주세요.

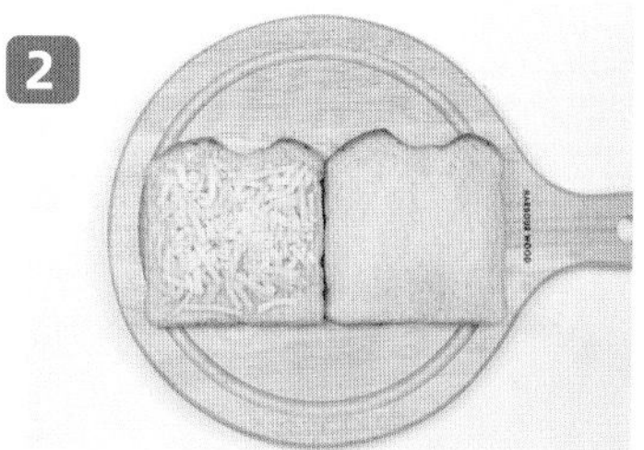

2 식빵 1장을 펼치고, 치즈를 먹을 만큼 올려주세요.

3 그 위에 식빵 1장을 마저 덮고 만들어 둔 마늘소스를 듬뿍 발라주세요.

4 에어프라이어나 오븐에서 170도로 7분 동안 돌려주세요.

너무 딱딱하면 맛이 없으니 식기 전에 먹는 것이 좋아요. 에어프라이어 바닥에 물을 살짝 넣고 돌리면 겉바속촉해져요.

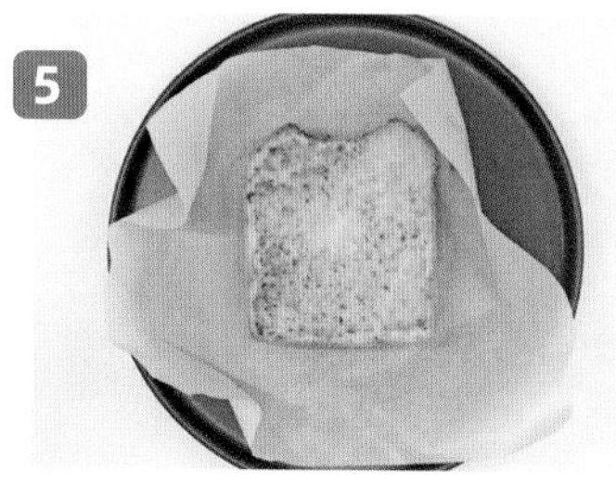

5 소스가 많은 걸 좋아하면 반대편에도 소스를 발라 한 번 더 구워주세요.

6 취향에 따라 연유 또는 파슬리가루로 마무리해도 좋습니다.

피자 토스트

소요 시간 : 15분(에어프라이어 쓸 경우 20~25분) 난이도 : 하

※ 조리 과정이 쉬우면서도 결과물은 누가 해도 보장되는 맛입니다.

초등학교에서부터 요리 수업만 하면 꼭 만들곤 했던 피자 토스트입니다. 어렵거나 위험하지 않으면서도 이만한 맛을 내는 요리가 흔치 않죠. 간단하고 맛있는 요리를 추구하는 제 레시피북에는 절대 빠질 수 없는 메뉴이기도 하고요!

아이들에게는 일일 셰프가 되는 즐거운 경험을, 어른들에게는 그 시절 추억의 맛을 선물할 겁니다. 피망이나 양파, 마요네즈 등 다른 재료를 사용해도 좋아요. 모차렐라치즈가 없다면 슬라이스치즈를 써도 OK!

재료 준비

[재료] □ 식빵 1장 □ 소시지 1개 □ 캔 옥수수 1~2스푼 □ 모차렐라치즈 1줌

[양념] □ 토마토소스 2스푼 □ 파슬리가루 2꼬집

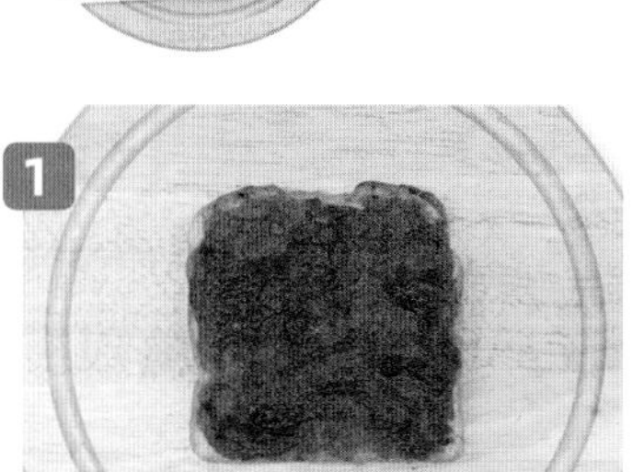

1 식빵에 토마토소스 2스푼을 골고루 발라주세요.

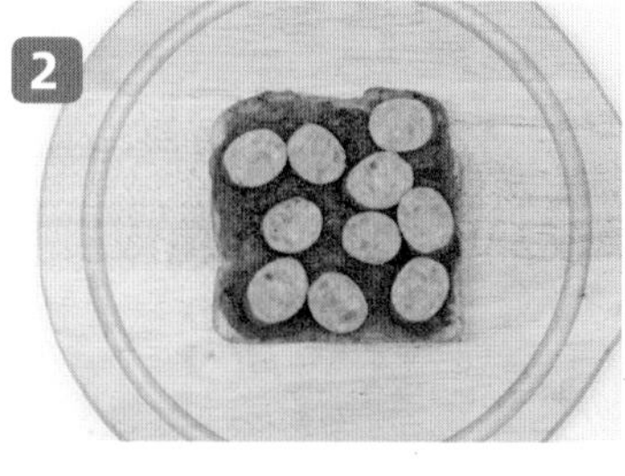

2 소시지 1개를 썰어 가지런히 올려주세요.

3 캔 옥수수와 모차렐라치즈를 먹을 만큼 뿌려주세요.

4 전자레인지에서 3분 30초 돌리면 완성입니다. 기호에 따라 파슬리가루를 뿌려도 좋아요.

에어프라이어로 조리할 경우 175도에서 10분 동안 돌려주세요.

매콤 콘치즈

소요 시간 : 15분 난이도 : 하

※ 간단한 재료로 어렵지 않게 조리할 수 있는 요리입니다.

횟집 밑반찬으로 나오곤 하는 콘치즈, 너무 맛있지만 단독으로 먹기에는 좀 약하죠. 그런데 이 콘치즈를 매콤하게 먹으면 단독으로 먹기에도 손색이 없다는 생각이 들었어요. 그래서 고추장을 살짝 넣어봤더니 웬걸, 너무 잘 어울리는 거 있죠?!

특별한 걸 먹고 싶은데 엄청난 요리를 하기는 귀찮을 때 이 레시피로 매콤달콤한 콘치즈를 만들어보세요. 혼술 한 잔도 외롭지 않게 해주는 마법의 안주랍니다.

재료 준비

[재료] □ 통조림 옥수수 1캔(190g) □ 양파 1/4개 □ 모차렐라치즈 100g □ 체다치즈 1장

[양념] □ 버터 1스푼 □ 마요네즈 3스푼 □ 케첩 2스푼 □ 고추장 1.5스푼 □ 설탕 1스푼 □ 파슬리가루 2꼬집

1 중불에 버터 1스푼을 녹여주세요.

2 통조림 옥수수와 다진 양파를 넣고 저어 볶아주세요.

소시지나 햄을 같이 넣고 볶으면 더 맛있어요.

3 마요네즈 3스푼, 케첩 2스푼, 고추장 1.5스푼, 설탕 1스푼을 넣고 잘 섞어주세요.

4 꾸덕꾸덕하게 잘 섞은 뒤 모차렐라치즈를 뿌리고 체다치즈 1장을 얹어주세요.

5 용암처럼 부글부글 끓으면 불을 끄고 파슬리가루로 마무리하면 완성입니다.

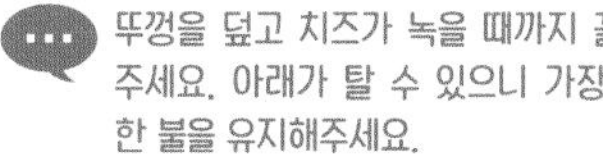

뚜껑을 덮고 치즈가 녹을 때까지 끓여주세요. 아래가 탈 수 있으니 가장 약한 불을 유지해주세요.

뚝배기 치즈밥

소요 시간 : 10분 난이도 : 중하

※ 불을 쓰지 않고 전자레인지로 조리할 경우 간단하게 할 수 있지만 재료 손질이 필요합니다.

대학교 앞 백반집에서 시험 끝나고 위로받던 그 맛, 치즈밥입니다. 새콤달달한 케첩과 고소한 치즈의 조합이 입맛 없을 때도 착착 감기는 별미죠. 케첩 밥이 낯설게 느껴질 수도 있지만, 한번 먹어보면 은근히 중독될 거예요. 특히 매콤한 고추장이 더해져 맛이 한층 깊어졌답니다.

아이들의 반찬 투정 해결사이자 어른들의 추억을 소환하는 메뉴, 뚝배기 치즈밥! 오늘 저녁, 꼭 한 뚝배기 해보세요. 후회하지 않으실 거예요!

재료 준비

[재료] □ 밥 1공기 □ 모차렐라치즈 1컵 □ 옥수수 4스푼 □ 참치 캔 작은 것 1개

[양념] □ 참기름 1스푼 □ 파슬리가루 2꼬집 □ 물 5스푼 □ 고추장 1스푼 □ 케첩 1.5스푼 □ 설탕 1스푼

1 뚝배기에 참기름 1스푼을 넣고 고루 발라주세요.

2 약불을 켜고, 밥 1공기, 물 5스푼을 넣고 고추장 1스푼, 케첩 1.5스푼, 설탕 1스푼을 넣어주세요.

3 약불에서 슬슬 볶듯이 비벼서 밥을 잘 펴주세요.

전자레인지를 이용할 경우 2분~2분 30초 정도 돌리는 게 좋아요. 밥과 양념을 잘 섞은 후 돌리세요.

4 옥수수 4스푼, 참치 1캔을 넣어주세요. 제일 작은 캔 기준이며 중간 크기는 1/2캔만 넣어도 충분합니다.

5 모차렐라치즈 1컵을 넣고, 뚜껑을 닫은 뒤 약불에서 10분간 치즈를 녹여주세요.

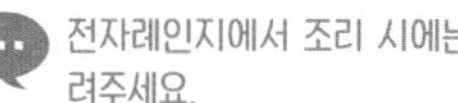

전자레인지에서 조리 시에는 2분간 돌려주세요.

6 취향에 맞게 파슬리가루를 뿌려서 마무리하면 완성입니다.

만두 간장 계란밥

소요 시간 : 15분  난이도 : 하

※ 즉석 요리에 가깝고, 팬을 쓰긴 하지만 스크램블 정도라서 어렵지 않은 간단한 요리입니다.

간장 계란밥의 업그레이드 버전, 밥대도(大盜) 만두 간장 계란밥! 간장 계란밥에 냉동만두만 더하면 한층 든든하고 맛있는 한 끼가 완성돼요. 만두 덕에 고기 맛까지 더해져 마치 덮밥처럼 풍성하답니다. 김이나 김치를 곁들이면 더 완벽한 식사가 될 거예요. 간단하지만 특별한 메뉴, 꼭 한번 시도해보세요!

재료 준비

[재료] □ 즉석밥 1개 □ 냉동만두 6알 □ 계란 3개

[양념] □ 버터 1조각 □ 간장 1스푼

1 내열 그릇에 즉석밥을 넣고 그 위에 만두를 올려주세요.

2 랩을 씌우고 구멍을 뚫어서 전자레인지에서 3분간 돌려주세요.

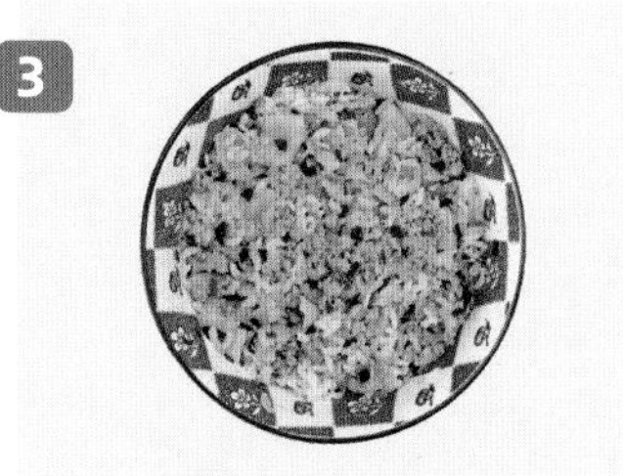

3 간장 1스푼을 넣고 만두를 깨서 고루 비벼주세요.

4 계란 3개를 풀어 팬에서 볶아 스크램블에그를 만들어주세요.

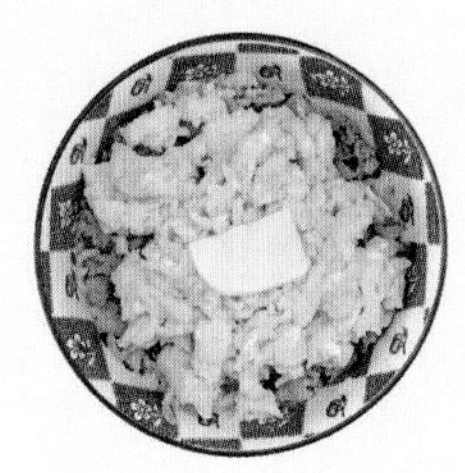

5 만든 스크램블을 만두밥 위에 올리고 버터 한 조각을 올리면 완성입니다.

매콤 치즈 만두밥

소요 시간 : 10분  난이도 : 하

※ 불 사용이 없어 쉽고, 즉석 음식으로 만들 수 있는 간단한 요리입니다.

냉동만두가 있으면 여러 가지 재료를 대체할 수 있어 요리가 쉬워진답니다. 손가락 하나 까딱하기 싫은 날, 전자레인지가 다 해주는 매콤 치즈 만두밥으로 끼니를 해결해보세요.

저는 개인적으로 김치랑 같이 먹으면 너무 맛있더라고요. 마지막에 치즈까지 뿌리면 보기에도 좋고 더욱 맛있어진답니다.

재료 준비

[재료] □ 즉석밥 1개 □ 냉동 만두 6알 □ 모차렐라치즈 2줌

[양념] □ 참기름 1스푼 □ 고추장 1스푼

1 전자레인지 그릇에 즉석밥과 만두를 넣어주세요.

2 랩을 씌우고 구멍을 뚫은 다음 전자레인지에서 3분간 돌려주세요.

3 꺼내서 참기름 1스푼, 고추장 1스푼을 넣어주세요.

4 만두를 깨서 잘 비벼주세요.

5 취향대로 모차렐라치즈를 뿌려주세요.

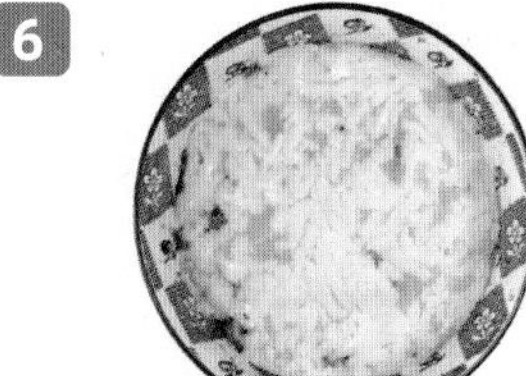

6 다시 구멍 뚫은 랩을 씌워서 전자레인지에서 2~3분간 돌리면 완성입니다.

바크 잼 요거트

소요 시간 : 10분(얼리는 시간 제외) 난이도 : 하

※ 불을 쓰는 과정이 없어서 요리에 익숙하지 않아도 쉽게 할 수 있어요.

바크 잼 요거트는 신선한 요거트와 다양한 과일의 풍부한 맛을 즐길 수 있어 다이어트나 간식으로도 안성맞춤입니다. 특히 식이섬유와 다양한 비타민, 미네랄이 풍부하게 함유되어 있어 건강에도 도움이 되며 소화에도 좋아요. 건강과 맛을 동시에 즐기고 싶은 날이나, 일상 속에서 특별한 순간을 만들고 싶을 때, 최고의 요거트랍니다.

재료 준비

[재료] □ 요거트 350g □ 과일 1컵 □ 포도잼 1스푼 □ 딸기잼 1스푼

네모난 트레이에 랩을 깔고 요거트를 1cm 정도 두께로 펼쳐주세요.

저지방 요거트나 무가당 요거트는 알룰로스를 2스푼 섞어주세요.

좋아하는 맛의 잼을 군데군데 올려주세요.

젓가락으로 휘저어서 무늬를 만들어주세요.

과일을 토핑으로 뿌려주세요. 냉동 과일을 사용해도 좋습니다.

냉동실에서 4시간 이상 얼린 후 한입 크기로 잘라주세요.

이대로 그냥 먹어도 맛있고, 초콜릿으로 코팅해서 먹어도 맛있습니다.

오야코동

소요 시간 : 15분(밥솥 시간 제외) 난이도 : 중

※ 밥솥만 있으면 만들 수 있어서 어렵지 않습니다.

오야코동은 일본 길거리 음식으로 유명하죠. 이제는 집에서 밥솥 하나만 있으면 만들어 먹을 수 있어요! 간단하게 밥솥으로 만들어 먹었는데도 특유의 간장 소스와 고소한 맛이 그대로 느껴진답니다. 이 음식으로 바쁜 일상에서 잠시나마 일본 길거리의 여유를 느꼈으면 좋겠습니다!

재료 준비

[재료] □ 닭고기 350g □ 팽이버섯 1개 □ 양파 1/2개 □ 계란노른자 1개 □ 대파 1/2대

[양념] □ 간장 3스푼 □ 맛술 2스푼 □ 설탕 2스푼 □ 다진 마늘 1스푼 □ 후추 1꼬집 □ 물 1컵

1 대파와 양파를 잘게 썰어주세요.

2 간장 3스푼, 맛술 2스푼, 설탕 2스푼, 다진 마늘 1스푼, 후추 약간을 섞고 물 1컵을 준비해주세요.

3 밥솥에 닭고기와 팽이버섯, 썰어둔 양파와 파를 넣고 **2**번에서 섞은 양념장과 물 1컵을 부어주세요.

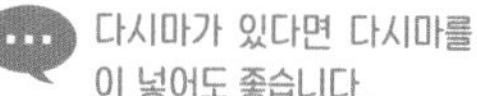

다시마가 있다면 다시마를 1~2장 같이 넣어도 좋습니다.

4 만능 찜 모드로 20분간 취사해주세요. 그 후 뚜껑을 열어 익은 정도를 확인하고, 국물이 없으면 물 1컵을 더 넣어서 만능 찜 모드로 20분 더 취사합니다.

5 밥 위에 올린 다음 데코용 파와 계란 노른자를 올리고, 후추를 뿌리면 완성입니다.

땡초 어묵밥

소요 시간 : 15분(밥솥 시간 제외) 난이도 : 하

※ 약간의 손질을 제외하면 요리 과정이 많이 필요하지 않아요.

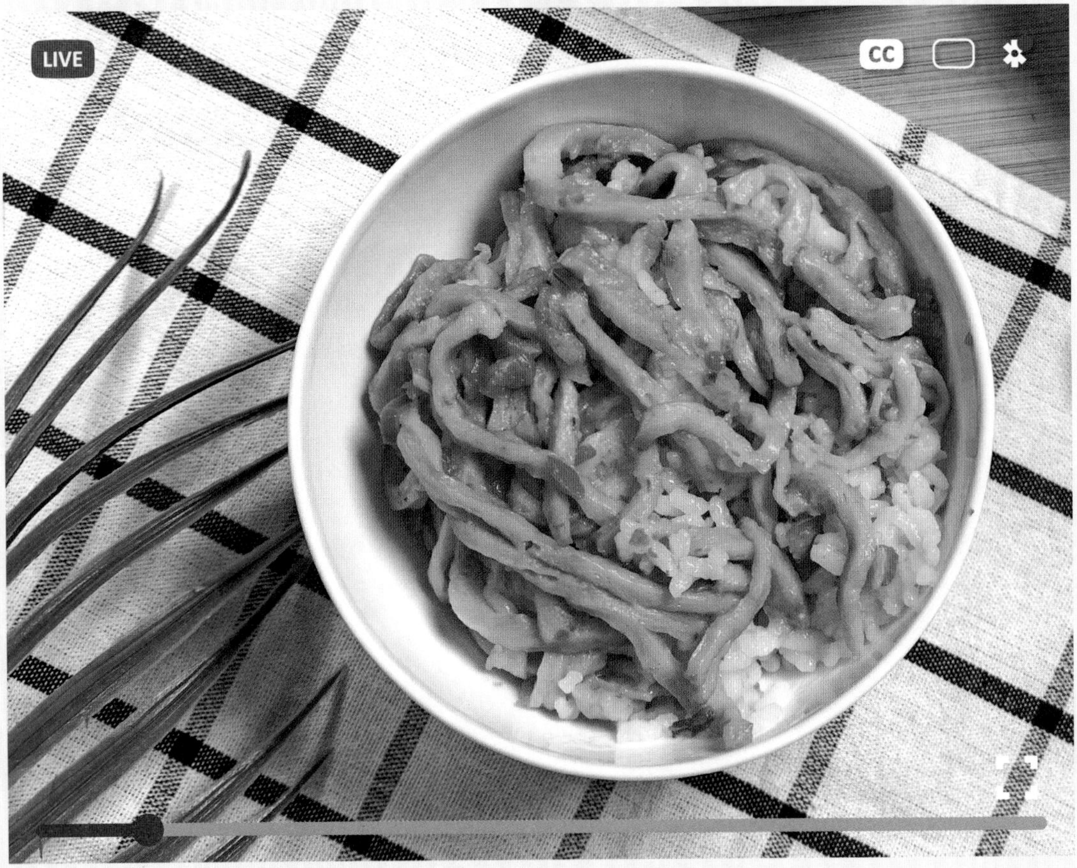

그냥 밥을 하기에는 조금 아쉬운 그런 날에 만들어 먹으면 딱 좋아요. 생각보다 간단하고 금방 만들어 먹을 수 있죠. 이 땡초 어묵밥에는 김이나 감태가 너무 잘 어울리니 꼭 같이 드셔보세요!

재료 준비

[재료] □ 어묵 2장 □ 당근 1/3개 □ 청양고추 1~2개 □ 쌀 2컵

[양념] □ 간장 2스푼 □ 맛술 3스푼 □ 다시다 또는 육수스톡 1/2스푼

1 쌀을 씻어서 불려두고 어묵 2장을 채 썰어주세요.

2 당근과 청양고추는 잘게 다져서 준비해주세요.

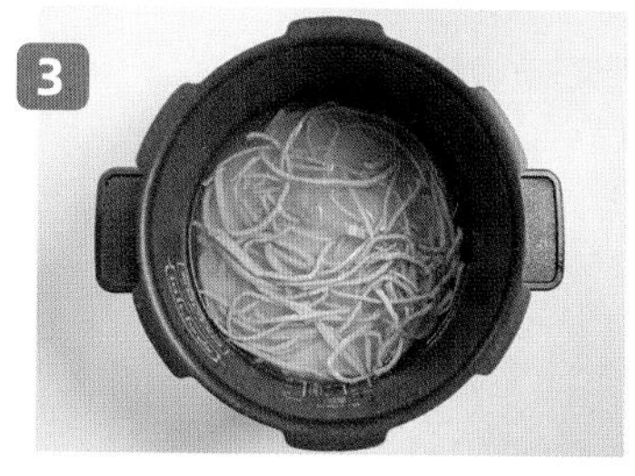

3 불려둔 쌀에 물 2컵을 붓고 채썰어 둔 어묵을 넣어주세요.

4 썰어둔 당근과 청양고추, 간장 2스푼, 맛술 3스푼, 다시다 또는 육수스톡 1/2스푼을 넣고 백미 취사를 눌러줍니다.

5 밥이 다 되면 주걱으로 섞어서 먹을 만큼 덜어주세요.

6 입맛에 맞게 맛소금과 후추, 참기름을 첨가하면 완성이에요.

이미 간이 되어 있기 때문에 삼삼하게 드시는 분들은 참기름만 더해도 좋아요. 조미김, 김치와 함께 먹으면 더 맛있습니다.

알리오 올리오 프라이

소요 시간 : 10분 난이도 : 하

※ 일반 계란프라이와 조리 과정이 크게 다르지 않습니다.

자취생, 다이어터는 물론 누구나 사랑하는 계란프라이! 간편하고 맛있지만 가끔은 지겹게 느껴질 때가 있죠. 그래서 준비한 알리오 올리오 계란프라이! 간단하지만 고급스러운 맛과 비주얼로 식탁을 풍성하게 만들어줍니다. 친구들이 놀러 왔을 때 '짠~!' 하고 내놓으면 인기 만점일 거예요. 한번 시도해보세요!

재료 준비

[재료] □ 계란 3개 □ 청양고추 1개 □ 다진 마늘 1스푼

[양념] □ 후추 1꼬집 □ 소금 1꼬집 □ 치즈가루(선택)

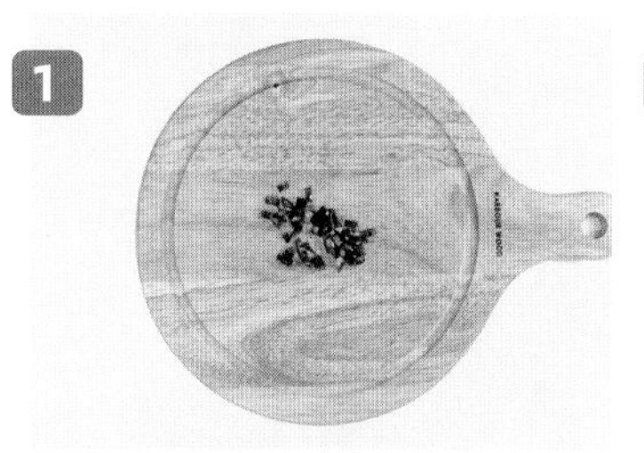

1 청양고추는 세로로 1~2번 가른 후(+ 모양) 잘게 썰어주세요.

2 팬에 올리브유를 넉넉히 두른 후 다진 마늘 1스푼, 청양고추 1/2~1개를 넣고 타지 않게 약불에서 볶아주세요.

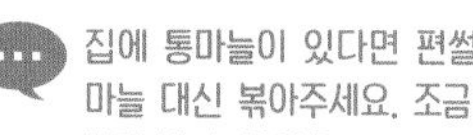

집에 통마늘이 있다면 편썰어서 다진 마늘 대신 볶아주세요. 조금 더 깔끔한 맛을 낼 수 있어요.

3 팬에 계란 3개를 깨서 넣고 소금과 후추로 간을 해주세요. 치즈가루가 있다면 추가해도 좋아요.

4 뒤집지 않은 채로 반숙으로 익히면 완성입니다. 밥이나 빵에 곁들여먹으면 좋아요.

양배추 참치 덮밥

소요 시간 : 15분 난이도 : 하

※ 어려운 조리 과정 없이 쉽게 만들 수 있는 메뉴입니다.

이 레시피는 다이어트 레시피로 알음알음 알려졌었죠? 양배추를 듬뿍 넣어 포만감이 크면서도 맛이 보장된 레시피랍니다. 양배추 하나만 추가해도 이국적인 오코노미야키 느낌이 나는 특별한 한 그릇이 됩니다. 양파나 깻잎, 당근 등 집에 있는 채소를 추가해도 좋아요. 또한, 재료들을 살짝 볶아도 맛있어요. 가쓰오부시를 조금 곁들이면 금상첨화겠죠!

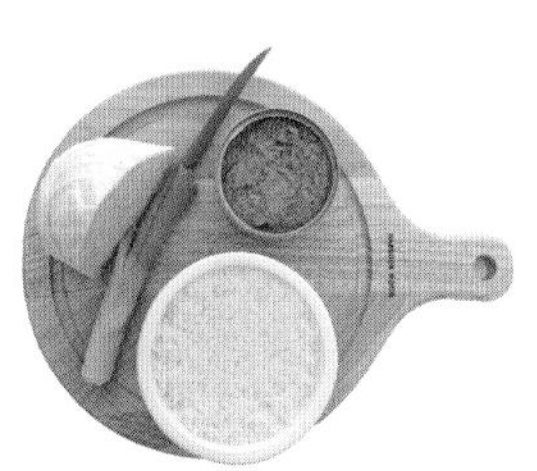

재료 준비

[재료] □ 참치캔 1개 □ 양배추 1/5개(200g) □ 밥 1공기 □ 대파 1/2대

[양념] □ 굴소스 1.5스푼 □ 올리고당 1/2스푼 □ 참기름 1스푼 □ 후추 1꼬집 □ 깨 2꼬집

1 양배추를 씻어서 얇게 채썰어주세요. 참치는 기름을 빼서 준비해주세요.

2 채썬 양배추 3줌을 내열 그릇에 담고 뚜껑을 살짝 덮어 전자레인지에서 3분간 돌려주세요. 숨이 죽은 양배추에 참치, 굴소스 1.5스푼, 올리고당 1/2스푼을 넣고 섞어서 전자레인지에서 2분간 더 돌려주세요.

3 밥 위에 완성된 내용물을 올리고 참기름, 깨, 후추를 뿌려 마무리하면 완성입니다. 파를 송송 썰어 올려도 좋아요.

Part. 5

밤은 늦었는데 출출할 때

김치 우동

소요 시간 : 15분 난이도 : 하

※ 조리 과정이 단순하고, 재료도 구하기 쉬운 간단한 메뉴입니다.

꼬치보다 더 유명해져버린 프랜차이즈 꼬치집의 숨은 대표 메뉴! 칼칼하고 얼큰한 맛 덕에 비 오는 날이나 집에서 포차 분위기를 내고 싶을 때 딱 생각나는 요리예요. 마트에서 파는 어묵과 우동 면, 그리고 애매하게 남은 신 김치만 있으면 간단히 만들 수 있답니다. 맛있고 간편한 메뉴로 오늘 저녁을 채워보세요!

재료 준비

[재료] □ 김치 1컵 □ 우동면 1봉지 □ 어묵 2~3장 □ 대파 1/2대 □ 청양고추 1개 □ 물 550ml

[양념] □ 다진 마늘 1스푼 □ 간장 1스푼 □ 고춧가루 1스푼

1

김치 1컵을 잘게 다져서 김치 국물 5스푼과 함께 냄비에 넣고 물 550ml를 부어서 끓여주세요.

2

물이 팔팔 끓으면 어묵 2~3장을 먹기 좋은 크기로 썰어 넣어주세요.

3

다진 마늘 1스푼, 간장 1스푼, 고춧가루 1스푼을 넣고 취향에 맞게 청양고추로 매운맛을 조절합니다.

4

우동면을 넣어서 끓여주세요. 우동마다 권장 조리 시간이 다르기 때문에, 해당 포장지 뒷면에 적힌 권장 시간만큼 끓이는 게 중요해요.

5

어느 정도 익으면 간을 보고 부족하면 김치 국물과 조미료 1티스푼을 추가해도 좋아요. 대파 1/2대를 썰어 넣어서 마무리하면 완성입니다.

쑥갓이 있다면 넣어도 좋아요.

양배추 피자

소요 시간 : 25분  난이도 : 하

※ 양배추 고정만 잘하면 큰 문제없이 만들 수 있습니다.

다이어트는 해야 되는데 피자가 너무 먹고 싶은 날, 많이 만들어 먹었던 음식이에요. 엄청난 다이어트 식은 아니지만 피자 느낌이 나고 맛도 있으면서 칼로리에 비교적 부담이 없기도 하죠.

특히 이 음식을 좋아하는 이유는 양배추 특유의 식감과 맛이 토마토소스와 너무 잘 어우러지고 치즈와도 조합이 좋기 때문입니다. 혹시 피자가 먹고 싶은 날 저와 같이 만들어보는 건 어떨까요?

재료 준비

[재료] □ 양배추 1/2개 □ 모차렐라치즈 3줌

[양념] □ 토마토소스 4스푼 □ 소금 1꼬집 □ 후추 1꼬집 □ 버터 1조각

1 양배추를 3cm 크기로 잘라서 오목한 접시에 담은 다음, 물과 식초 1스푼을 넣어 세척해주세요.

2 10분 후 건져서 키친타월로 물기를 제거해줍니다.

3 소금과 후추를 뿌려 밑간해주세요.

4 팬에 올리브유를 넉넉히 두르고 버터 1조각을 넣어주세요.

5 양배추에 이쑤시개를 둘러 꽂아서 고정시키고 중불에서 앞뒤로 노릇하게 구워주세요.

구울 때 뚜껑을 덮으면 속까지 잘 익어요.

6 토마토소스를 바르고 피자치즈를 올린 후, 약불에서 뚜껑을 덮어 치즈가 녹을 때까지 구우면 완성이에요.

라이스페이퍼 꿔바로우

소요 시간 : 숙성 3시간, 조리 15분 난이도 : 중상

※ 튀김 과정이 포함되어 있어서 주의가 필요합니다. 특히 뜨거움 주의!

꿔바로우, 너무 맛있지만 집에서 간단하게 술 한잔하며 먹기에는 양도 많고 비쌉니다. 대신 직접 만드는 라이스페이퍼 꿔바로우는 어떠세요?

간장에 재운 돼지갈비 버전을 소개하지만, 원하는 재료 무엇이든 꿔바로우화할 수 있다는 게 장점이랍니다. 치즈, 버섯, 어묵, 소시지도 좋아요. 남은 라이스페이퍼를 튀기기만 해도 바삭바삭 맛있는 과자가 된다는 사실! 이제 술안주 걱정은 없겠어요!

재료 준비

[재료] □ 돼지고기(안심, 목심, 등심 등) 500g □ 라이스페이퍼

[양념] □ 간장 6스푼 □ 맛술 6스푼 □ 설탕 3스푼 □ 다진 마늘 1스푼 □ 후추 1꼬집 □ 참기름 1스푼 □ 물 1/2컵

1

간장 6스푼, 맛술 6스푼, 설탕 3스푼, 다진 마늘 1스푼, 후추 약간, 참기름 1스푼, 물 1/2컵을 모두 넣고 섞어 양념장을 만들어주세요.

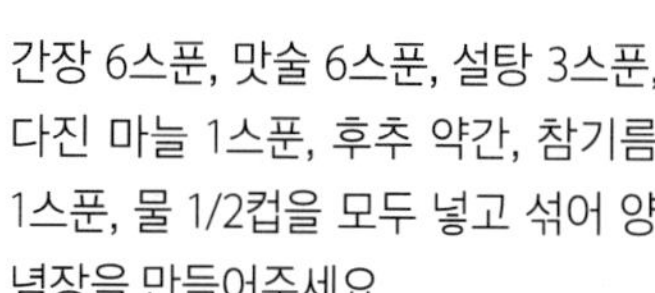

탄산수나 남은 맥주를 섞어도 좋아요.

2

돼지고기는 새끼손가락 굵기로 썰어서 준비해주세요.

3

만든 양념에 돼지고기를 버무려 3시간 이상 재워주세요.

4

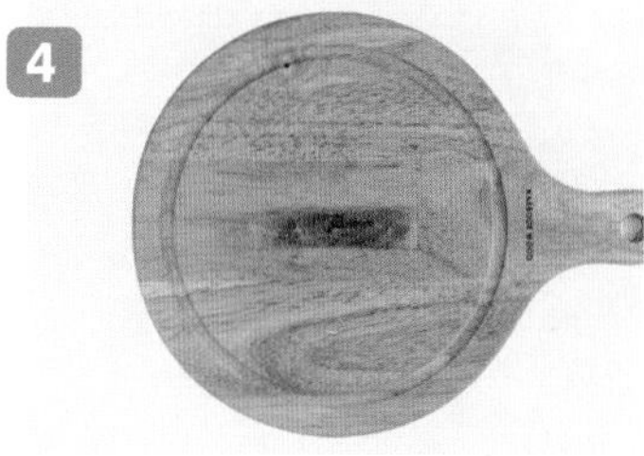

물에 적신 라이스페이퍼 2겹을 깔고 고기를 돌돌 말아주세요.

5

팬에 기름을 넉넉하게 두르고 노릇노릇해질 때까지 튀기면 완성입니다.

라이스페이퍼에 수분이 많아 기름이 잘 튀기 때문에 긴 젓가락을 사용하고, 뚜껑을 활용해주세요.

뜨거운 기름에 7~8분 익힌 후에 고기가 잘 익었는지 1개 잘라 확인해보는 게 좋아요.

옥수수 튀김

소요 시간 : 30분 난이도 : 중

※ 옥수수 한 통의 양이 생각보다 많아서 여러 번 나누어 튀겨야 합니다.

기본 안주는 어디까지 발전할까요? 다 먹을 때까지 손을 멈출 수 없는 옥수수 튀김을 소개할게요!

저는 살짝 달달한 걸 좋아해서 연유를 뿌려 먹었는데, 단 걸 싫어하면 연유를 빼고 라면 수프나 칠리소스를 곁들여도 좋아요. 감자와 옥수수는 달아도, 짜도 맛있으니까요. 한 캔을 다 튀기면 생각보다 양이 많아서 둘이서 안주로 먹기에도 부족함이 없답니다.

재료 준비

[재료] □ 옥수수 통조림 1캔

[양념] □ 전분가루 6큰술 □ 설탕 1티스푼 □ 파슬리가루 1꼬집

1

옥수수 통조림 1캔을 채에 걸러서 물기를 제거해주세요. 옥수수의 남은 보존제는 물로 가볍게 헹궈주세요.

물기가 많으면 기름이 튈 수 있으니 체에 받친 채로 5분 정도 두세요.

2-1 **2-2**

여기에 전분가루 6큰술을 넣고 골고루 묻혀주세요.

3

기름을 중불로 예열하고, 옥수수 하나를 넣어서 바글바글 끓으면 나머지 옥수수도 넣고 바삭하게 5~8분간 튀겨주세요.

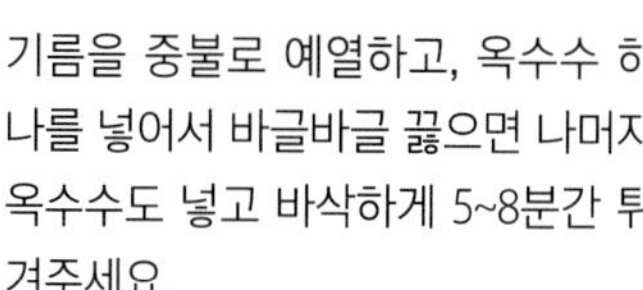

정말 바삭하게 먹는 걸 선호한다면 3분 정도 더 튀겨주세요.

이때 젓가락으로 저어야 서로 달라붙지 않아요.

4

완성된 옥수수 튀김에 설탕 1티스푼을 솔솔 뿌리고 파슬리가루로 데코하면 완성입니다.

취향에 맞게 연유나 라면 수프, 칠리소스 등을 곁들여 먹으면 좋아요.

양념 어묵

소요 시간 : 15분 난이도 : 하

※ 조리 방법이 간단하여 누구나 만들 수 있는 요리입니다.

늦은 밤 출출하고 술이 당길 때 딱 생각나는 메뉴, 양념 어묵! 포장마차 분위기를 집에서도 즐길 수 있어 술은 술술, 말도 술술 나오는 마법 같은 요리예요. 막대 없이 볶아도 좋고, 숙주를 살짝 데쳐 곁들이면 완벽합니다. 간단한 재료로 여행지에서도 쉽게 만들어 먹을 수 있답니다. 하지만 과음은 금물! 맛있게 먹고 이야기는 적당히 나눠보세요. 누가 알겠어요, 오늘 그 사람의 속내를 살짝 엿볼 수 있을지?

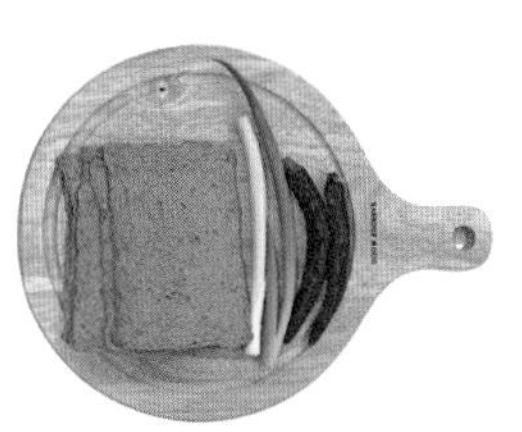

재료 준비

[재료] □ 어묵 4개 □ 대파 1/2대 □ 청양고추 2개

[양념] □ 다진 마늘 1/2스푼 □ 고춧가루 2스푼 □ 간장 2스푼 □ 올리고당 2.5스푼 □ 고추장 1 큰술 □ 후추 1꼬집 □ 물 350ml

1

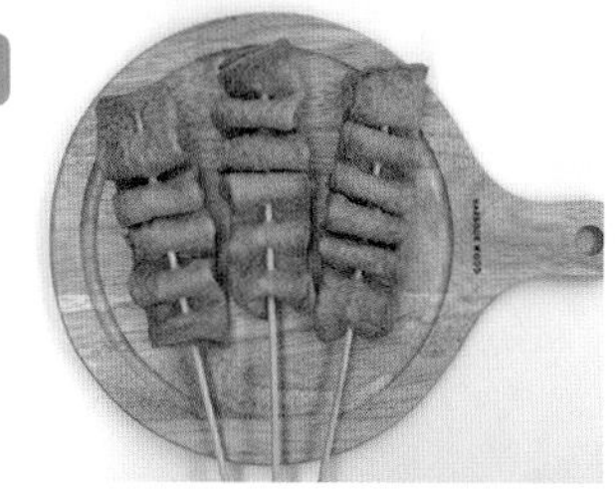

선호하는 어묵을 뜨거운 물로 살짝 데쳐서 막대에 꽂아주세요.

2

다진 마늘 1/2스푼, 고춧가루 2스푼, 간장 2스푼, 올리고당 2.5스푼, 고추장 1큰술, 후추 조금, 물 350ml를 섞어서 양념을 만들어주세요.

매운 것을 잘 못 드신다면 고춧가루의 양을 줄여도 좋아요.

3

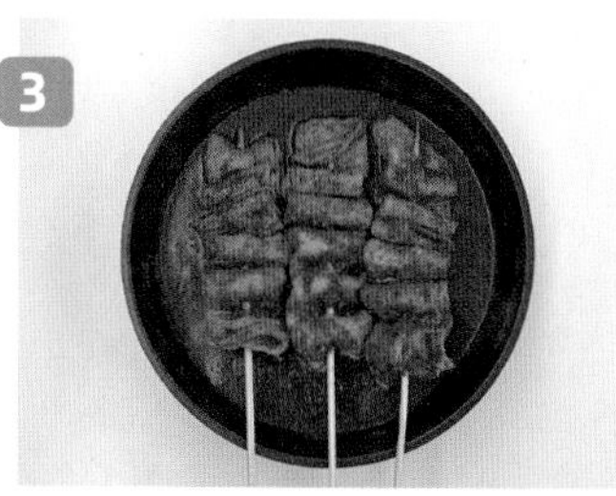

어묵과 양념을 냄비에 넣고 뒤집어가면서 졸여주세요.

4

취향에 맞게 대파나 청양고추를 올리면 완성입니다.

게맛살 덮밥

소요 시간 : 10분 난이도 : 하

※ 팬 하나와 그릇 하나만으로 완성할 수 있는 손쉬운 원팬 요리입니다.

부드럽고 단백질도 챙길 수 있는 게맛살 덮밥! 팬 하나로 간단히 만들 수 있어 아이들은 물론 누구에게나 사랑받는 한 그릇 요리예요. 매운맛이 싫다면 파와 양파를 오래 볶거나 빼도 좋고, 매운 걸 좋아한다면 청양고추, 고춧가루, 고추기름을 추가해 풍미를 더해보세요. 특히 고추기름은 크래미를 볶을 때 넣으면 맛살에 중식 느낌이 배어 더 맛있답니다. 한번 만들어보면 자꾸 생각나는 메뉴가 될 거예요!

재료 준비

[재료] □ 크래미 1팩(5개) □ 양파 1/2개 □ 대파 1/2대 □ 계란 3개

[양념] □ 굴소스 2스푼 □ 물 7스푼 □ 전분가루 1스푼 □ 참기름 1스푼 □ 후추 1꼬집

1

대파 1/2대와 양파 1/2개를 잘게 썰어 볶아주세요.

2

크래미를 칼 옆면으로 누르거나 손으로 찢어서 준비해주세요.

3

볶던 대파와 양파에 찢은 크래미와 굴소스 2스푼을 넣고, 물 6스푼을 넣은 뒤 3~4분 정도 볶아주세요.

4

물 1스푼에 전분가루 1스푼을 넣고 전분 물을 만들어서 부어주세요.

전분 물이 없다면 생략해도 되지만, 전분을 넣어야 더 촉촉하고 몽글몽글한 식감을 낼 수 있어요.

5

계란을 3~4개 풀어서 넣고 살짝 저어가며 중약불에서 볶아주세요.

6

계란이 익으면 불을 꺼주세요.

7

그릇에 밥을 담고, 게살 볶음을 보기 좋게 담아주세요. 남은 대파를 썰어 얹고, 참기름 1스푼과 후추로 마무리하면 완성입니다.

콘치즈 떡볶이

소요 시간 : 20분 난이도 : 중하

※ 떡볶이 만드는 과정 외에 콘치즈 만드는 과정도 있지만 어렵진 않아요.

맛있는 재료들의 꿀 조합, 콘치즈 떡볶이! 매운맛이 부담스러워도 달콤 고소한 콘치즈가 있어 누구나 맛있게 즐길 수 있어요. 치즈도 마음껏 넣을 수 있어 더 풍성하답니다. 옥수수와 치즈 덕에 떡볶이는 간단히 만들어도 실패할 걱정 없어요. 저는 면떡을 썼지만, 떡볶이 떡도 OK! 쉽고 맛도 보장하는 이 레시피, 꼭 시도해보세요!

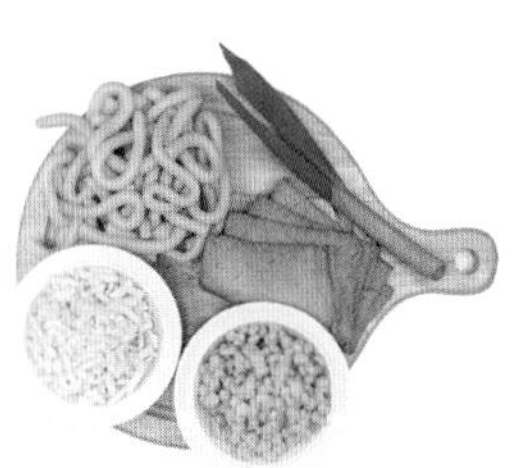

재료 준비

[재료] □ 대파 1/2대 □ 떡 400g □ 어묵 2~3장 □ 옥수수 통조림 190g □ 모차렐라치즈 2줌 □ 물 450ml

[양념] □ 고춧가루 2스푼 □ 설탕 2스푼 □ 간장 2스푼 □ 고추장 4스푼 □ 마요네즈 3스푼 □ 후추 1꼬집

1 떡은 미리 물에 불려주세요.

2 대파 1/2대를 송송 썰어 팬에 넣고 고춧가루 2스푼, 설탕 2스푼, 간장 2스푼, 고추장 4스푼과 함께 물 450ml를 넣고 잘 섞으며 끓여주세요.

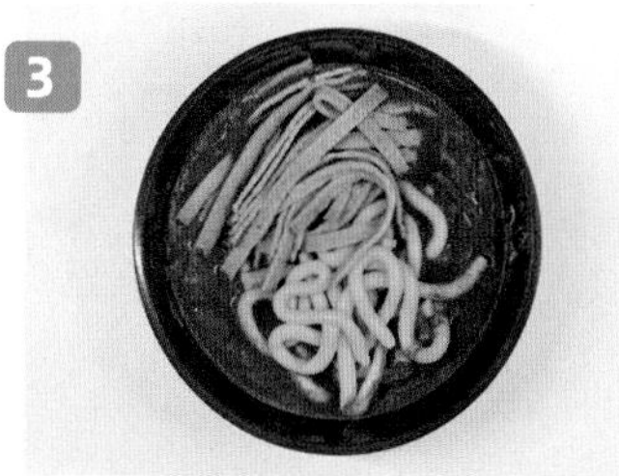

3 끓기 시작하면 떡 400g을 넣고 어묵 2~3장을 길게 썰어 넣어주세요.

어묵을 돌돌 말아서 썰면 쉽게 썰 수 있어요.

4 잘 저으면서 국물이 졸아들 때까지 끓이다가, 국물이 졸아들면 후추 1티스푼을 넣고 조금 더 끓여 마무리해 주세요.

5 옥수수 통조림 1캔, 모차렐라치즈 140g, 마요네즈 3스푼을 용기에서 섞고 전자레인지에 2~3분 돌려 콘치즈를 만들어주세요.

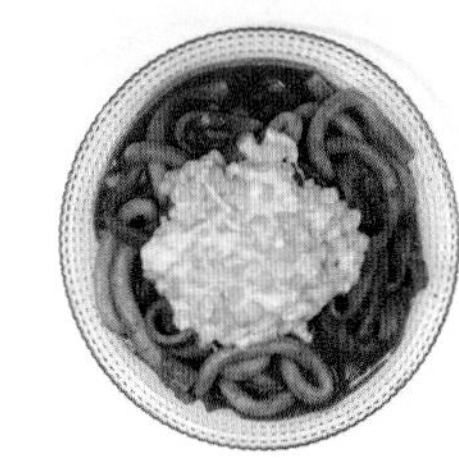

6 완성된 콘치즈를 떡볶이 위에 올리면 완성입니다.

크림 카레 우동

소요 시간 : 15분　　난이도 : 중하

※ 어려운 조리 과정이 없는 간단한 요리입니다.

야식으로 더할 나위 없는 크림 카레 우동입니다. 3분 카레나 우유는 가정집뿐만 아니라 자취방에도 하나쯤 구비되어 있죠. 너무 자주 먹어서 질릴 때, 두 재료로 새로운 맛의 요리를 만들어봐요!

아이들과 함께 먹을 거라면 일반맛으로 해도 좋지만, 우유가 들어가기 때문에 매운맛이 있는 카레를 사용하는 게 더 잘 어울려요. 취향에 따라 청양고추로 매운맛을 더 추가해도 좋습니다. 우동이 없다면 라면으로 대체해도 괜찮아요. 우유를 넣은 카레는 라면만큼 짜지 않기 때문에, 라면 중에는 면발이 가는 것이 알맞습니다.

재료 준비

[재료] □ 3분 카레 매운맛 □ 우유 1컵 □ 우동면 1개 □ 계란 1개 □ 모차렐라치즈 1줌(선택)
□ 파슬리가루 1꼬집(선택)

1

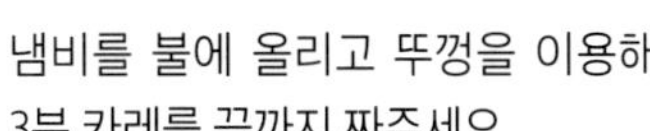

냄비를 불에 올리고 뚜껑을 이용해 3분 카레를 끝까지 짜주세요.

2

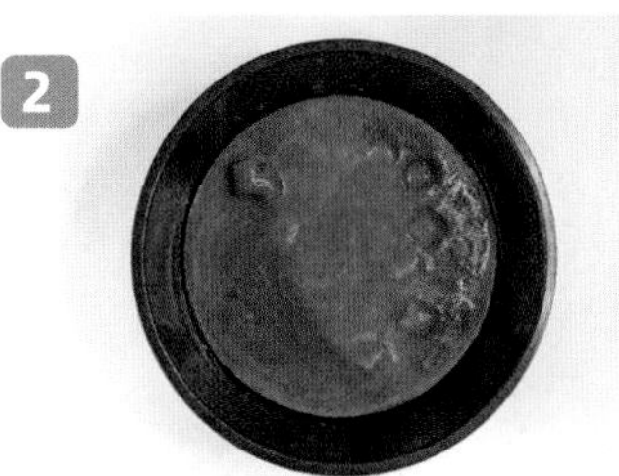

우유 1컵을 넣고 잘 저으며 끓여주세요.

3

끓기 시작하면 우동면 1개를 넣어주세요.

4

바닥에 면이 붙지 않게 잘 저으며 익혀주세요.

5

모차렐라치즈나 계란프라이를 얹어주고 파슬리를 뿌려 마무리하면 완성입니다.

연두부 튀김

소요 시간 : 10분  난이도 : 중하

※ 요리 과정이 매우 간단하지만 튀길 때 물기 때문에 기름이 튀는 것을 주의해야 합니다.

일식집을 생각하면 초밥이나 회보다 계란찜이나 연두부 같은 부드러운 맛이 떠오를 때, 집에서도 쉽게 만들 수 있는 연두부 튀김(아게다시도후) 레시피를 소개합니다! 말랑하고 고소한 식감 덕에 안주로도, 대접용 전채 요리로도 딱이에요.

오리엔탈 소스의 깔끔한 맛과 완벽하게 어울리고, 케첩이나 칠리소스 같은 달달한 소스도 잘 맞으니 취향대로 즐겨보세요. 간단하면서도 고급스러운 한 접시, 꼭 만들어보세요!

재료 준비

[재료] □ 연두부 1개

[양념] □ 전분가루 2스푼 □ 오리엔탈 소스 2스푼(선택) □ 깨 2꼬집

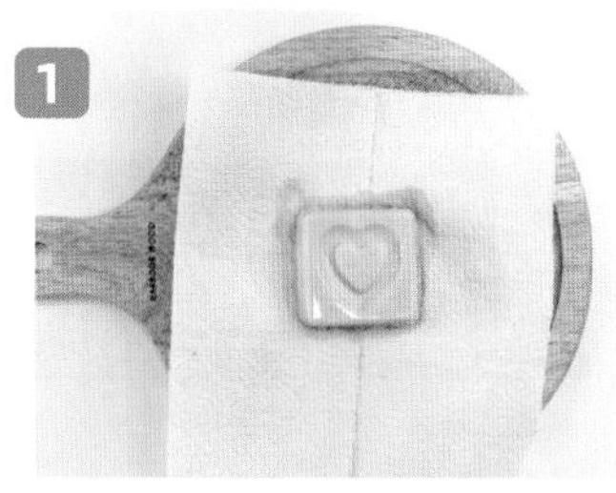

1

연두부를 키친타월에 놓고 부서지지 않게 조심조심 물기를 제거해주세요. 물기를 제거한 연두부는 4등분으로 적당히 잘라주세요.

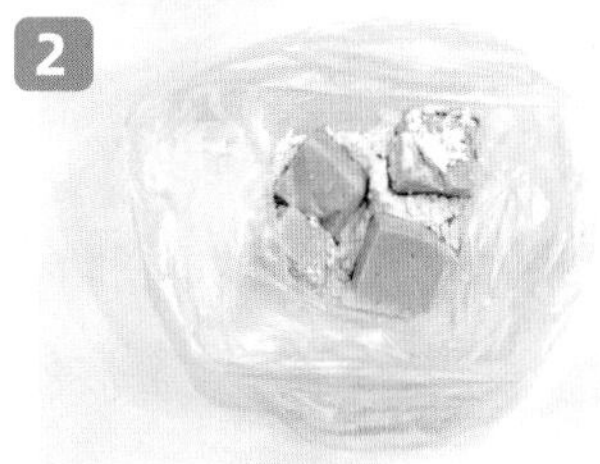

2

비닐봉지에 전분가루 2스푼과 자른 연두부를 넣고 흔들어서 골고루 묻혀주세요.

전분가루를 넉넉히 묻히면 더 바삭해요. 바삭한 걸 원한다면 3스푼 정도 넣어도 좋아요.

3

팬에 기름을 두르고 연두부를 노릇노릇해질 때까지 튀겨주세요. 연두부는 그냥도 먹기 때문에 겉만 3~4분 사이로 익히면 됩니다.

4

깨를 솔솔 뿌리고 오리엔탈 소스를 곁들이면 완성입니다.

라이스페이퍼 딤섬(창펀)

소요 시간 : 10분 난이도 : 하

※ 불을 쓰지 않는 간단한 조리법의 요리입니다.

라이스페이퍼로 만드는 간단한 딤섬이에요. 딤섬에는 게살이나 새우 같은 부드럽고 말랑말랑한 속이 주로 들어가지만, 취향에 따라 고기, 채소, 당면 등 어떤 재료라도 사용할 수 있어요.

다만 일반적인 만두처럼 오래 익힐 수 없으니 미리 충분히 익혀서 넣어주세요. 재료가 잘 보이지 않고 여러 가지 재료를 섞어도 맛있는 딤섬. 비실비실한 냉장고 속 친구들을 처리하는 데도 아주 제격이랍니다.

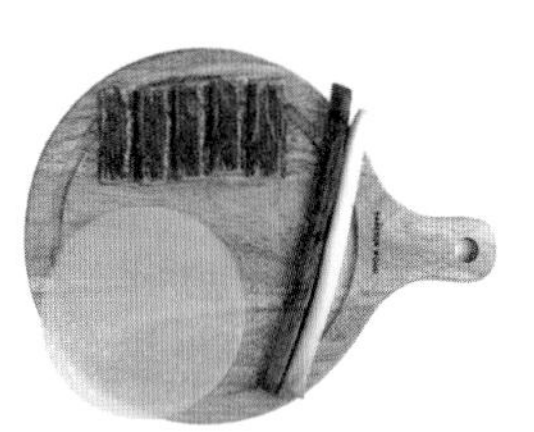

재료 준비

[재료] □ 크래미 5팩 □ 대파 1/2대 □ 라이스페이퍼 5장

[양념] □ 간장 2스푼 □ 맛술 2스푼 □ 매실액 1스푼 □ 식초 1/2스푼

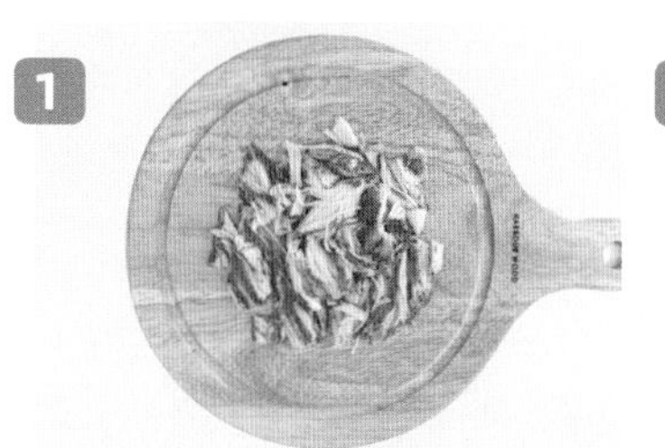

1 크래미 1팩을 으깨주세요.

2 대파 1/2대를 잘게 썰어서 섞어주세요. 이때 소스에 넣을 대파 1줌을 미리 빼두세요.

3 간장 2스푼, 맛술 2스푼, 매실액 1스푼, 식초 1/2스푼, 남겨둔 대파를 넣고 양념장을 만들어주세요.

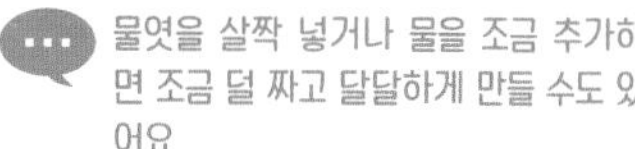

물엿을 살짝 넣거나 물을 조금 추가하면 조금 덜 짜고 달달하게 만들 수도 있어요.

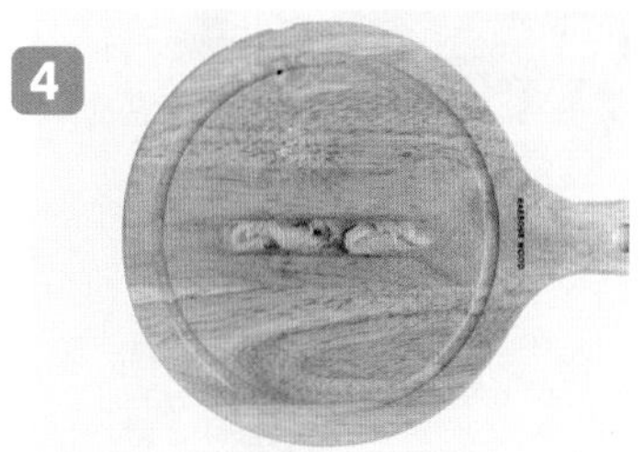

4 라이스페이퍼를 미지근한 물에 적시고 돌돌 말아주세요. 양쪽을 막을 필요는 없어요.

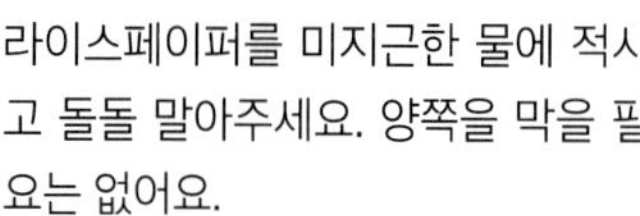

5 식용유를 바른 접시 위에 차례로 놓고, 물을 살짝 부은 다음 전자레인지에서 30초 돌리면 완성이에요.

김부각 계란죽

소요 시간 : 15분 난이도 : 하

※ 즉석밥으로 짧은 시간 내에 만들 수 있고, 손질할 재료도 별로 없어요.

저는 스트레스를 많이 받아 소화가 잘 안될 때마다 죽을 많이 먹었는데, 매번 같은 죽만 먹다보니 금방 물리더라고요. 그래서 만들어 먹었던 음식이 바로 이 음식이랍니다.

계란죽의 담백한 맛과 김부각의 바삭한 식감이 유니크한 맛을 주면서도 친숙한 느낌이 들어요. 고소한 참기름이랑 너무 잘 어울려서 입맛 없고 소화가 잘 안될 때 딱 좋은 음식이랍니다.

재료 준비

[재료] □ 즉석밥 1개 □ 계란 2개 □ 대파 1/4대 □ 김부각 5개

[양념] □ 소금 1티스푼 □ 들기름 1스푼 □ 간장 2스푼

1 전자레인지에서 2분간 돌린 즉석밥에 물 한 컵 반을 넣고 5분간 끓여주세요.

2 용기에 계란 2개, 소금이나 새우젓 1티스푼을 넣고 준비한 대파의 2/3를 썰어 넣고 풀어주세요.

3 밥이 끓으면 계란물을 붓고 천천히 저어주세요.

4 남겨둔 대파를 넣고 불을 꺼주세요.

5 입맛에 맞게 들기름 1스푼과 간장 2스푼을 넣어 간을 맞추면 완성입니다. 김부각 위에 올려서 드세요.

달고나 크룽지 토스트

소요 시간 : 30분 난이도 : 하

※ 타지 않게 자주 뒤집는 것만 신경 쓰면 복잡하지 않아요.

크룽지가 유행하던 시절에 여러 시도를 하던 도중, 조합이 너무 좋아서 소개해 드리는 음식이에요. 바삭한 식감과 달달한 향이 디저트로 제격이에요. 미리 만들어놓았다가 에어프라이기에 살짝만 데워 먹어도 맛있답니다. 아이들 간식으로나 달달한 음식이 끌릴 때, 하나씩 꺼내서 먹으면 딱 좋아요!

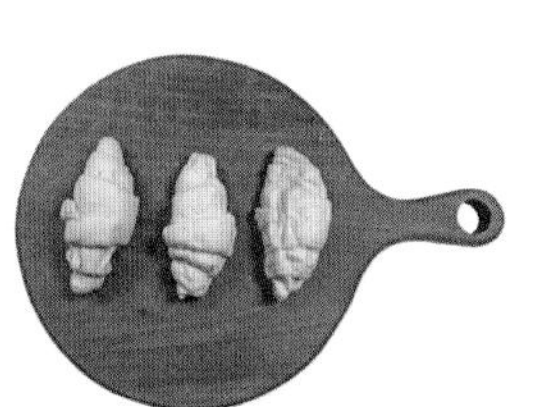

재료 준비

[재료] □ 크루아상 생지 3개

[양념] □ 설탕 3스푼 □ 버터 4스푼 □ 깨 2스푼

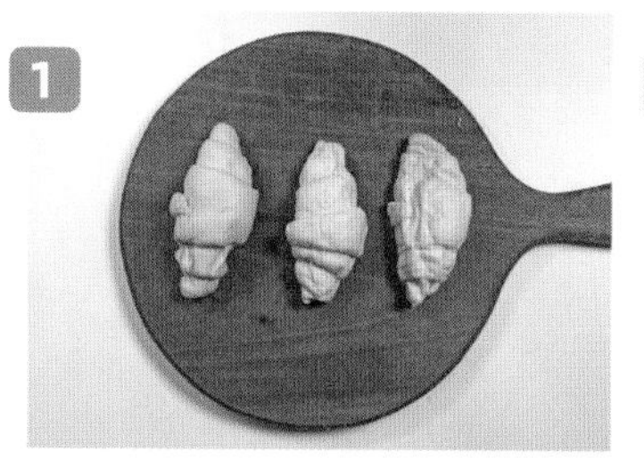

1 냉동된 크루아상 생지를 밀폐 용기에 담아 실온에서 2~3시간 정도 해동해 주세요.

2 에어프라이어 160도에서 5분간 구운 다음 납작하게 밀대로 밀어주세요.

3 생지를 프라이팬에 놓고, 무거운 것으로 눌러서 납작하게 구워주세요.

저는 납작하게 누를 때 접시로 꾹 눌렀어요.

이때 타기 쉬우니 가장 약불에서 구우며 자주 뒤집어주세요.

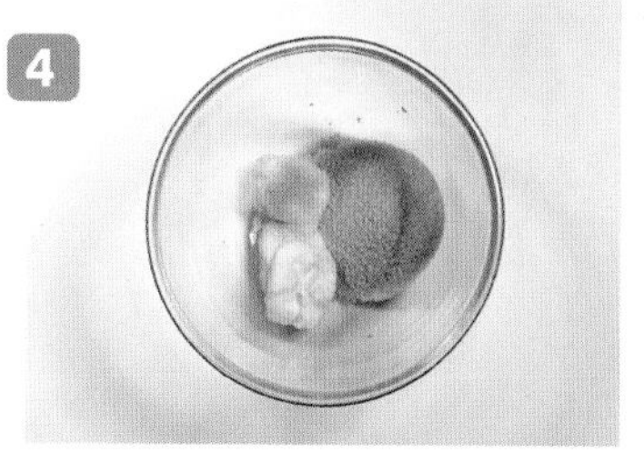

4 버터 4스푼과 설탕 3스푼을 섞어주세요.

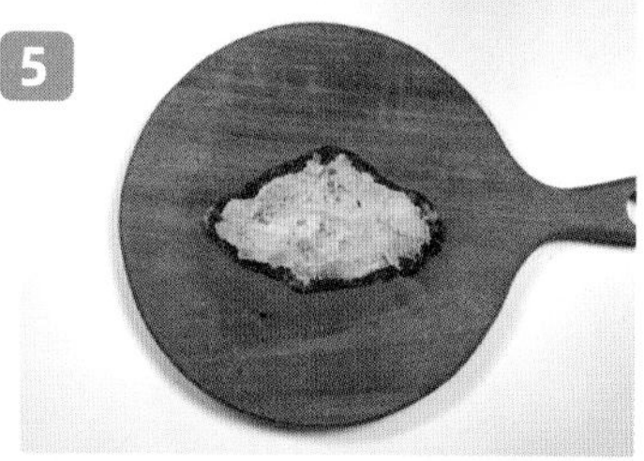

5 구운 크루아상에 넉넉하게 만들어둔 설탕버터를 발라주세요.

6 중약불로 양면을 코팅하듯 구워주세요.

7 불을 끄고 양면에 깨를 묻혀서 마무리해주세요.

게맛살 양배추 계란프라이

소요 시간 : 10분 난이도 : 중

※ 과정 자체는 간단하지만 채칼이 없는 경우 양배추를 채써는 과정이 번거로울 수 있어요.

사소한 것에도 특별한 느낌을 주고 싶을 때 만들어 먹으면 좋은 음식이에요. 저는 양배추를 좋아해서 집에 항상 양배추가 많이 있는데, 양배추가 시들시들해져 갈 때쯤 한 번씩 만들어서 먹으면 냉장고 털이도 되고 너무 좋답니다. 케첩이나 스리라차소스와도 잘 어울리니 계란프라이에 질린다면 꼭 만들어보세요!

재료 준비

[재료] □ 크래미 4개 □ 대파 1/3개 □ 계란 4개 □ 양배추 1/4개

1 양배추는 얇게 채썰어주세요.

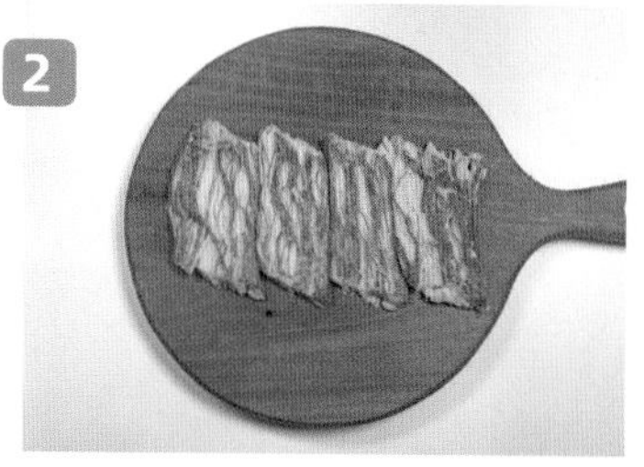

2 크래미 4개를 으깨주세요.

3 양배추와 크래미를 섞어주세요.

4 팬에 기름을 두르고 3번의 내용물을 한 줌씩 올려서 구워주세요.

5 양배추가 살짝 투명해지면 가운데에 구멍을 뚫어주세요.

6 불을 약불로 바꾸고 각 구멍에 계란을 하나씩 깨 넣은 다음, 뚜껑을 덮고 원하는 만큼 익히면 완성입니다.

떡 없는 떡볶이

소요 시간 : 15분 난이도 : 하

※ 복잡한 과정 없이 쉽게 만들 수 있는 요리입니다.

떡볶이는 사랑하지만, 떡이 싫다면 어떡하죠? 이제 그런 고민은 멈추셔도 됩니다. 바로 '떡 없는 떡볶이'가 해결해줄 거예요. 기존 떡볶이의 매콤달콤한 맛에, 바삭바삭한 양배추와 부드러운 순두부가 떡의 자리를 대신해서 새로운 식감을 제공해준답니다.

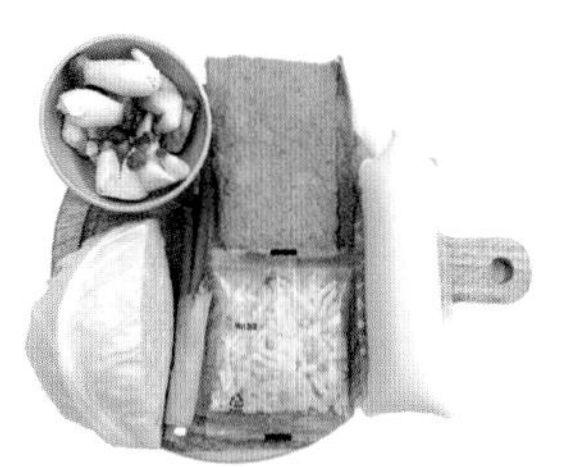

재료 준비

[재료] □ 양배추 1/4개 □ 대파 1/2대 □ 어묵 2장 □ 미니 새송이버섯 1줌 □ 순두부 1개
□ 모차렐라치즈 2줌 □ 물 200ml

[양념] □ 간장 2스푼 □ 설탕 2스푼 □ 고춧가루 2스푼 □ 고추장 2스푼 □ 다진 마늘 1스푼
□ 후추 1꼬집

1

양배추 1/4개, 대파 1/2대, 어묵 2장을 썰어서 준비해주세요.

2

간장, 설탕, 고춧가루, 고추장 각각 2스푼씩, 다진 마늘 1스푼, 후추 살짝, 물 1컵을 섞어서 양념을 만들어주세요.

3

팬에 기름을 두르고 대파와 양배추를 넣고 볶아주세요.

4

숨이 살짝 죽으면 만들어둔 양념을 부어주세요.

5

여기에 떡 크기의 미니 새송이버섯과 어묵을 넣어서 끓여줍니다.

6

양념이 졸아들면 순두부 1개를 넣고 숭덩숭덩 잘라주세요.

7

모차렐라치즈나 피자치즈 중 좋아하는 치즈를 넣고 녹을 때까지 약불에서 끓이면 완성입니다.

만두전골

소요 시간 : 30~40분 난이도 : 중

※ 조리 난이도는 쉬우나 준비해야 할 재료들이 많은 편입니다.

너 하나 나 하나 후후 불어 먹는 만두전골, 쌀쌀한 날씨에 마음까지 따끈하게 녹이는 메뉴입니다. 냉동만두만 있으면 육수를 낼 필요 없이 간단하게 만들 수 있어요.

급하게 손님맞이할 때 메뉴가 마땅찮아 고민이라면, 집들이할 예정인데 솜씨가 없어 걱정이라면 이 레시피를 선택하세요! 빠르고 쉬우면서 최대한의 맛을 보장하는 레시피랍니다. 다 먹은 후엔 라면 사리, 칼국수 사리까지 클리어하는 게 인지상정인 거, 아시죠?

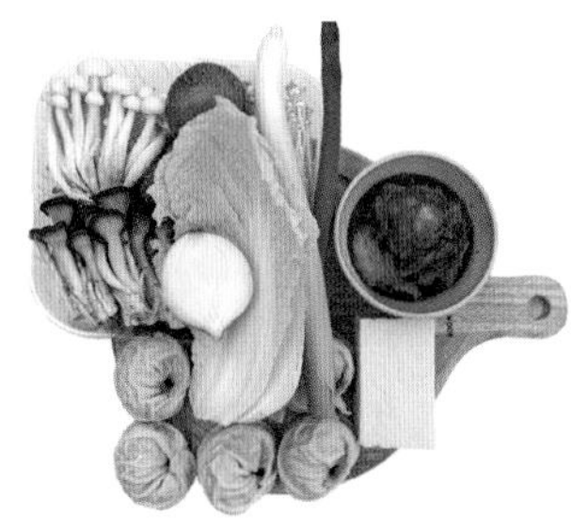

재료 준비

[재료] □ 만두 8~10개 □ 두부 1/2모 □ 모둠 버섯 □ 알배추 4장 □ 양파 1/2개 □ 청양고추 2개 □ 김치 1컵 □ 계란 1개 □ 물 750ml

[양념] □ 고춧가루 1스푼 □ 간장 2스푼 □ 다진 마늘 1스푼 □ 소금 1티스푼 □ 후추 □ 다시다 1/2티스푼(선택)

1

만두 1~2개의 속을 잘게 잘라서 냄비에 깔아줍니다. 준비한 만두의 20% 정도를 잘게 자르면 됩니다.

이렇게 하면 따로 육수를 내지 않아도 만두 속에 있는 고기와 양념 덕분에 국물이 깊어져요. 저는 만두피를 빼고 만두 속만 사용했는데, 귀찮다면 같이 다져 넣어도 괜찮습니다.

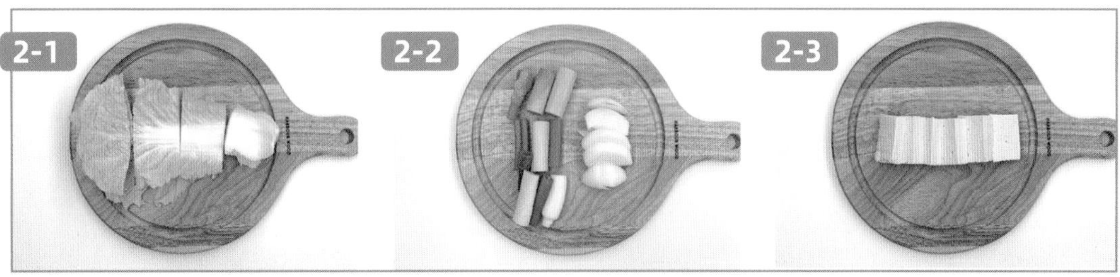

각종 야채들을 손질합니다. 알배추 4장, 대파 1대, 양파 1/2개, 두부 1/2모와 각종 버섯을 먹기 좋게 썰면 됩니다. 재료들은 취향에 따라서 생략해도 좋고, 좋아하는 야채나 냉장고에 남아 있는 야채가 있다면 더 넣어도 좋습니다.

단, 대파는 꼭 넣어야 국물이 시원합니다.

3

손질한 야채들을 냄비에 차곡차곡 둘러 넣습니다. 그 다음 김치 1컵을 가위로 잘게 잘라서 가운데에 넣어주세요.

4

준비한 만두를 가득 올립니다(고기만두, 김치만두, 새우만두 등 종류는 무관합니다).

만약 김치만두를 넣는다면 김치 양을 1/2컵으로 줄이면 됩니다.

5

다진 마늘 1큰술, 간장 2스푼, 고춧가루 1스푼을 넣고 잘 섞어 양념장을 만듭니다.

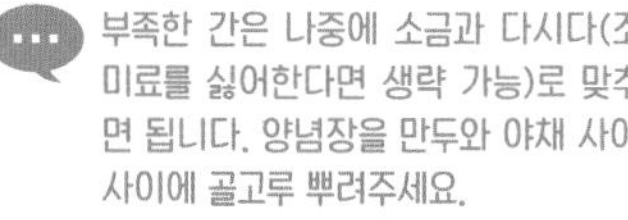

부족한 간은 나중에 소금과 다시다(조미료를 싫어한다면 생략 가능)로 맞추면 됩니다. 양념장을 만두와 야채 사이사이에 골고루 뿌려주세요.

6

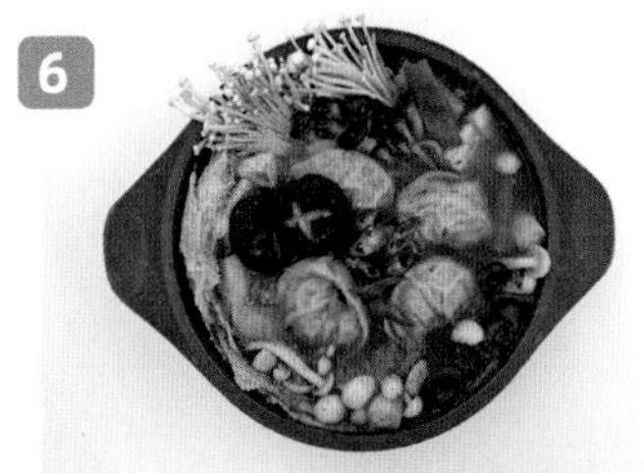

물 750ml를 붓고 중불에서 끓입니다. 전골이 끓기 시작하면 후추 약간과 소금 1티스푼을 넣어 간을 맞춰주세요. 마지막으로 매콤한 청양고추를 2개 썰어 넣어주세요.

감칠맛을 더 내고 싶다면 다시다 1/2티스푼을 넣습니다. 조미료를 싫어한다면 생략해도 괜찮습니다.

7

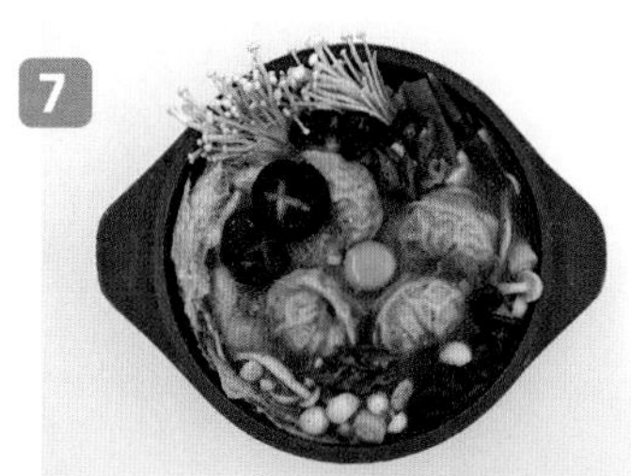

계란 1~2알을 넣어 마무리합니다.

계란은 완전히 풀어서 익혀도 맛있지만, 노른자를 조금 덜 익히고 터트려서 찍어 먹어도 고소하니 맛있어요.

치즈 이모모찌

소요 시간 : 25분 난이도 : 중상

※ 반죽해서 빚기, 굽기, 졸이기까지 과정이 많아요.

먹어도 먹어도 줄지 않는 감자 한 박스를 맛있게 처치하는 방법이에요. 일본어로 이모(芋)는 토란, 감자, 고구마와 같은 뿌리채소를 가리키는 말로 이모모찌라 하면 보통 감자떡을 말한답니다. 감자와 전분을 섞어 만든 떡을 간장 소스에 졸여 김과 함께 먹어요.

감자만두처럼 쫄깃한 식감에 달달 짭짤한 간장 소스가 어우러지는, 낯선 듯 익숙한 주전부리. 쌀쌀한 날에 만들어서 따끈할 때 드셔보세요~

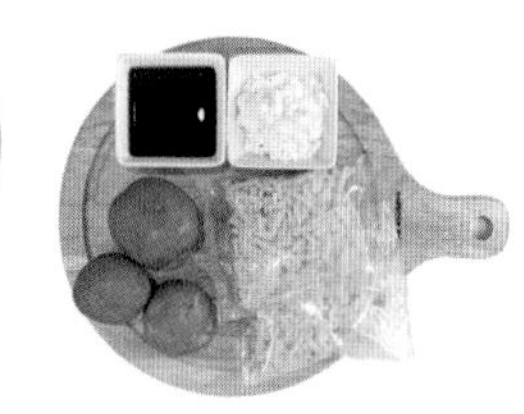

재료 준비

[재료] □ 감자 3개 □ 모차렐라치즈 2줌 □ 조미김 1줌(데코용)

[양념] □ 전분가루 5스푼 □ 소금 1/3스푼 □ 간장 3스푼 □ 물 2스푼 □ 맛술 2스푼 □ 설탕 또는 꿀 2스푼

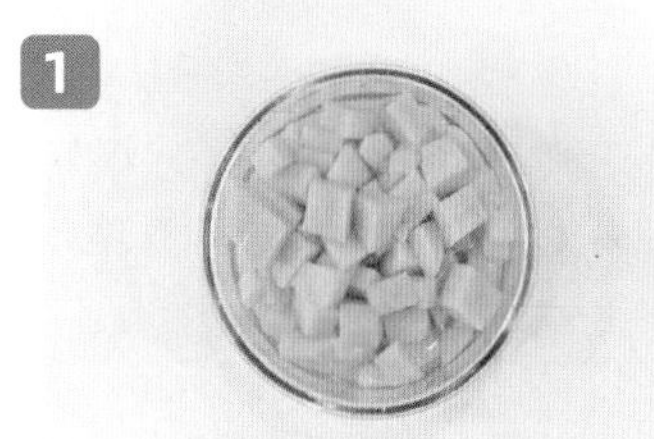

1 감자 껍질을 깐 다음 깍둑썰어주세요. 용기에 넣고 랩을 씌우고 구멍을 뚫은 다음 전자레인지에서 7분간 돌려 익혀주세요.

2 감자에서 나온 물을 따라내고 감자만 남긴 뒤 포크나 매셔로 으깨주세요.

3 전자레인지가 돌아가는 동안, 소금 1/3스푼, 간장 3스푼, 물 2스푼, 맛술 2스푼, 설탕 또는 꿀 2스푼을 섞어서 소스를 만들어주세요.

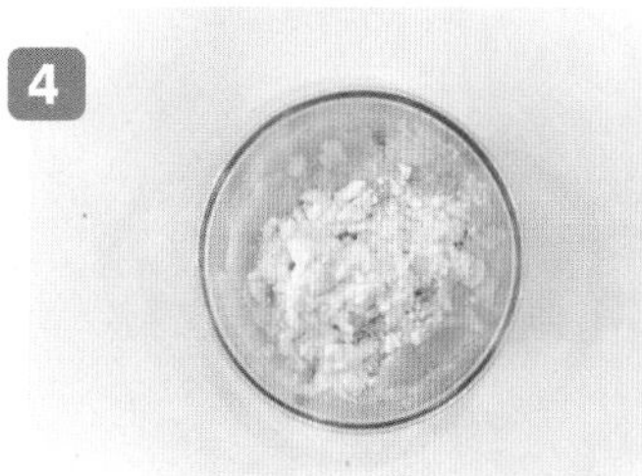

4 전분가루 5스푼, 소금 1/3스푼을 넣고 섞어주세요.

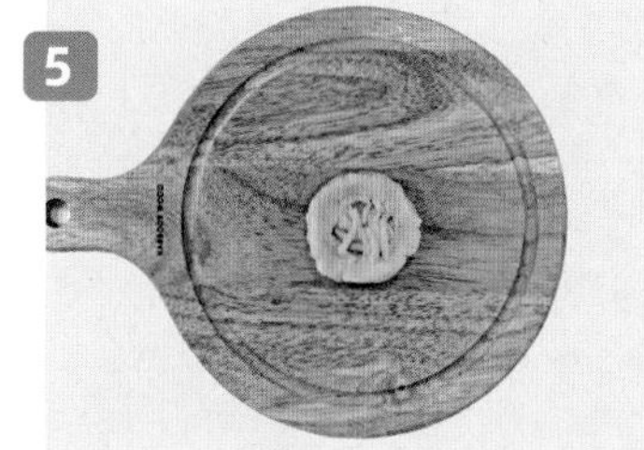

5 반죽을 주먹보다 조금 더 작은 크기로 떼서 둥글리고 가운데에 피자치즈 2스푼을 넣고 싼 후 살짝 눌러주세요.

체다치즈가 있다면 같이 넣으면 짭조름한 것이 더 맛있어요.

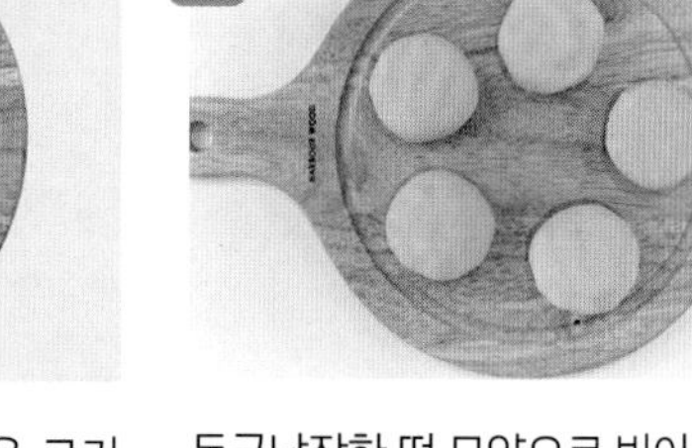

6 동글납작한 떡 모양으로 빚어주세요.

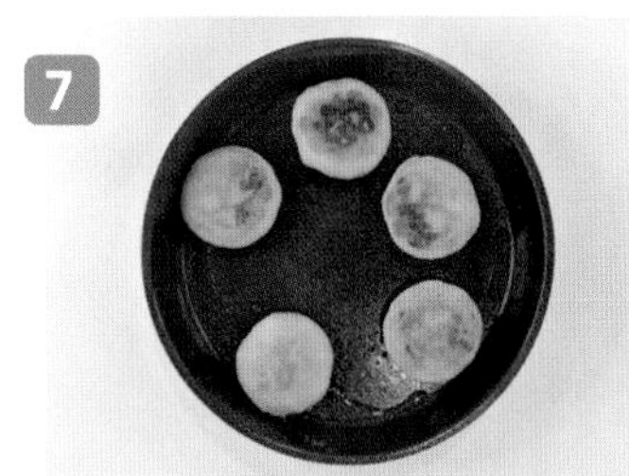

팬에 기름을 넉넉하게 두르고 노릇하게 튀기듯 구워주세요. 만약 버터가 있다면 1스푼 같이 넣으면 달라붙는 것을 방지할 수 있어요.

노릇하게 구워지면 키친타월로 기름을 한 번 닦아내고 만들어둔 소스를 부어서 졸여주세요.

김을 붙여 마무리하면 완성입니다.

Part. 6

주말 아침에 어울리는

아보카도 계란 치즈 토르티야

소요 시간 : 10분 난이도 : 하

※ 조리 과정이 단순해서 누구나 만들 수 있는 간단한 메뉴입니다.

과카몰리파스타를 만들고 남은 과카몰리가 있다면 이 메뉴도 한번 만들어봐요. 간단하면서도 진한 이국의 맛이 나서 손도 입도 즐거운 메뉴랍니다.

토르티야를 쓰면 먹기 쉬워서 좋지만 다른 빵을 써도 무방해요. 바게트를 깔고 재료들을 예쁘게 얹으면 브런치나 대접용으로도 안성맞춤인 오픈 샌드위치가 됩니다. 빵이 두꺼우면 계란이 익지 않을 테니 계란은 프라이를 해서 올리는 편이 좋겠죠!

재료 준비

[재료] □ 토르티야 1장 □ 아보카도 1~1.5개 □ 양파 1/4개 □ 토마토 1/2개 □ 계란 1개 □ 모차렐라치즈 2줌

[양념] □ 다진 마늘 1티스푼 □ 소금 2꼬집 □ 후추 1꼬집 □ 레몬즙 1스푼

1 토르티야 1장을 팬에 노릇하게 구워주세요.

2 팬 위에 치즈 2줌을 뿌리고, 그 위에 계란 1개를 올려주세요.

3 약불에서 바삭하게 구워주세요.

4 아보카도 1~1.5개의 씨를 제거해주세요.

5 양파 1/4개와 토마토 1/2개를 잘게 썰어주세요.

6 아보카도, 토마토, 양파에 다진 마늘 1티스푼, 소금 2꼬집, 후추 1꼬집, 레몬즙 1스푼을 넣고 잘 섞어주세요. 과카몰리 완성이에요.

7 토르티야 위에 과카몰리를 듬뿍 올려주세요.

8 그 위에 치즈와 계란프라이를 올리고 케첩을 원하는 만큼 뿌리면 완성입니다.

삼각김밥 아란치니

소요 시간 : 35분 난이도 : 상

※ 김밥으로 모양을 잡고 튀기는 과정이 쉽지 않을 수 있습니다.

이탈리아의 전통적인 아란치니와 삼각김밥이 만나 탄생한 요리입니다. 평범한 삼각김밥을 한 단계 업그레이드하여 바삭바삭한 외부와 촉촉한 내부를 가진, 간식이나 식사 대용으로도 부족함 없는 요리예요. 특히 어린이들에게 인기 만점이랍니다. 평범한 재료로 특별한 요리를 하고 싶다면 추천드립니다.

재료 준비

[재료] □ 삼각김밥 4개(큰 것으로 준비 시 2개) □ 소시지 또는 스트링치즈 1개
□ 튀김가루 1스푼 □ 빵가루 5스푼

[양념] □ 물 90ml □ 토마토소스 2스푼 □ 파슬리가루 1꼬집

1 먼저 밥에 양념이 되어 있는 삼각김밥을 준비해주세요. 삼각김밥은 김을 빼고 볼에 넣어 섞어주세요.

개인적으로 전주비빔밥보다는 김치볶음밥 맛이 더 맛있었습니다.

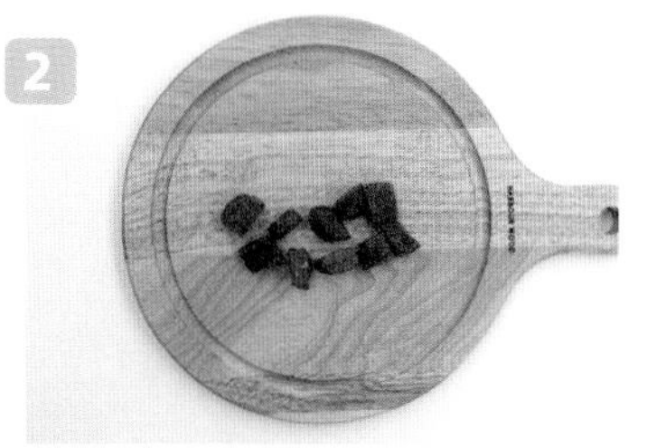

2 소시지나 스트링치즈를 준비해서 1~2cm 크기로 잘라주세요.

3 밥을 꾹 눌러서 공간을 만든 다음 소시지나 스트링치즈를 가운데에 넣어서 동그랗게 뭉쳐줍니다.

4 이때 완전히 꽉꽉 뭉쳐야 나중에 부서지지 않아요.

5 튀김가루 1큰술에 물 90ml을 넣어서 묽은 반죽물을 만들어주세요.

반죽물을 빠르게 묻혀서 속까지는 스며들지 않게 굴려줍니다.

6 그 이후에 빵가루를 골고루 묻혀주세요.

7 팬에 기름을 넉넉히 두르고 중불에서 노릇노릇해질 때까지 튀기면 완성이에요.

시판 토마토소스 1스푼을 접시에 깔고 올려먹으면 맛이 더 좋습니다.

소보로 덮밥

소요 시간 : 20분 난이도 : 하

※ 칼질이나 재료 손질이 거의 없는 만들기 쉬운 요리입니다.

고기나 계란, 두부를 고슬고슬한 덩어리로 만든 걸 소보로라고 해요. 이런 재료들을 올려 만든 소보로 덮밥이라는 음식을 소개합니다. 소보로 하면 소보로빵이 먼저 생각나실 텐데, 소보로 덮밥도 마성의 매력이 있답니다. 특별한 재료로 만드는 요리는 아니지만, 보기 좋은 모양에 눈이 먼저 가고 맛을 보면 입으로도 끌리게 되는 음식이에요.

재료 준비

[재료] □ 소고기 다짐육 300g □ 계란 3~4개 □ 밥 한 그릇 □ 부추 1/2줌 □ 쪽파 1/2줌

[양념] □ 간장 3스푼 □ 굴소스 2스푼 □ 맛술 3스푼 □ 올리고당 2스푼 □ 소금 1꼬집 □ 후추 1꼬집

1

팬에 간장 3스푼, 굴소스 2스푼, 맛술 3스푼, 올리고당 2스푼을 넣어주세요. 소고기 다짐육 300g을 넣어서 잘 볶아줍니다.

2

고슬고슬해지는 정도까지 볶아주세요.

3

계란 3~4개에 소금과 후추로 간을 하고 휘휘 저어주세요.

4

팬에 붓고 저으며 익혀서 고슬고슬한 스크램블에그를 만들어주세요.

5

밥 위에 계란과 소고기를 올려주세요.

6

부추나 쪽파를 같이 올리면 완성입니다.

게살 두부 유부초밥

소요 시간 : 15분 난이도 : 하

※ 불 사용이 거의 없고 어려운 기술이 필요하지 않아 아이와도 함께 만들 수 있는 간단한 요리입니다.

새콤달콤한 유부 안에 담백한 두부를 넣어 다이어트 중에도 마음 편하게 먹을 수 있는 두부 유부초밥입니다. 볶은 두부를 유부초밥에 넣기가 어렵다고 느끼시는 분들은 밥을 조금 섞어보세요. 밥과 볶은 두부의 비율을 1:1로 맞추면 어느 정도 뭉쳐져서 유부 안에 훨씬 쉽게 넣을 수 있어요.

두부를 볶을 때 간을 충분히 하는 게 좋지만, 부족해도 간장이나 마요네즈에 찍어 먹으면 되니까 괜찮아요. 다른 재료를 넣어도 맛있습니다. 우엉이나 단무지가 있다면 볶은 두부에 다져 넣어보세요. 당근을 넣으려면 두부와 함께 볶아주시고요. 얼마든지 커스텀할 수 있다는 게 유부초밥의 매력이죠.

재료 준비

[재료] □ 유부 1봉지(6~8개) □ 크래미 1봉지(5개) □ 두부 1모

[양념] □ 마요네즈 1큰술 □ 소금 1꼬집 □ 후추 1꼬집 □ 참기름 1스푼

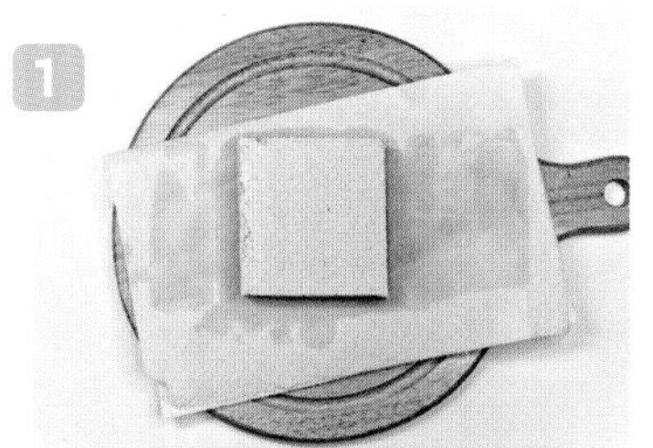

1 두부는 키친타월로 물기를 빼주세요.

2 두부를 칼등이나 손으로 으깨주세요.

3 으깬 두부의 수분이 날아가고 고슬고슬해질 때까지 팬에 볶아주세요. 볶은 뒤 소금, 후추, 참기름으로 간을 해주세요.

4 크래미를 결대로 찢어주세요.

5 마요네즈 1큰술을 넣고 섞어주세요. 소금과 후추를 살짝 뿌려도 맛있습니다.

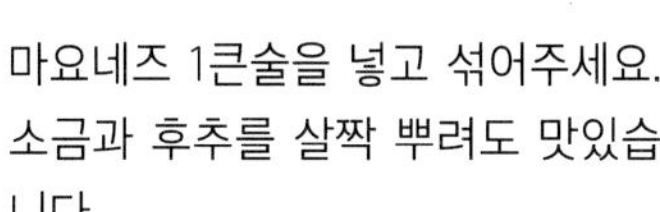

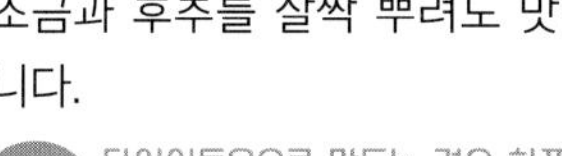

다이어트용으로 만드는 경우 하프 마요네즈를 사용하면 좋아요.

6 유부에 두부를 3/4씩 채워 넣어주세요.

7 채워 넣고 남은 자리에 크래미를 올리면 완성입니다.

고슬고슬한 맛을 좋아한다면 유부도 살짝 볶아서 쓰면 좋아요.

소시지 계란 김밥

소요 시간 : 25분 난이도 : 중

※ 재료 준비는 쉽지만 김밥을 예쁘게 마는 게 어려울 수도 있습니다.

예전에 모 실험 프로그램에서 밥을 말아먹었을 때 가장 맛있는 라면을 뽑은 적이 있죠? 반대로 이 김밥은 매콤한 라면과 함께 먹었을 때 가장 맛있는 김밥입니다. 김밥만 먹었을 때는 살짝 심심하게 느껴질 수 있지만, 매콤한 라면과 함께 먹는다면 완벽하다고 느끼실 거예요.

재료 준비

[재료] □ 계란 6개 □ 김밥용 김 2장 □ 소시지 1개 □ 밥 2공기

[양념] □ 설탕 1티스푼 □ 소금 1꼬집 □ 마요네즈 1스푼 □ 후추 1꼬집 □ 참기름 1/2스푼 □ 깨 1꼬집

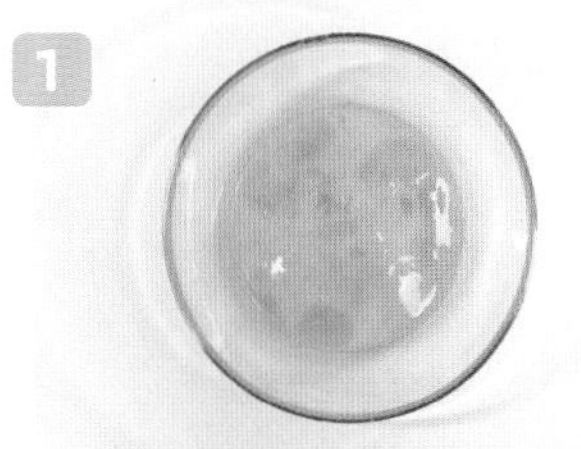

계란 6개를 풀고 설탕 1티스푼과 소금 약간을 넣은 다음 저어주세요.

팬에 기름을 두르고 계란을 둘러 스크램블에그를 만들어주세요.

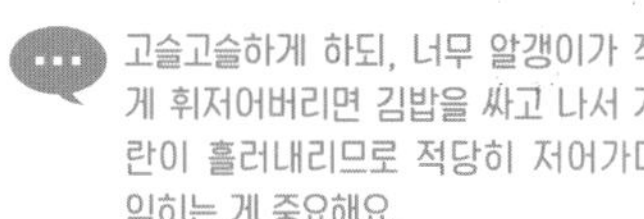

고슬고슬하게 하되, 너무 알갱이가 작게 휘저어버리면 김밥을 싸고 나서 계란이 흘러내리므로 적당히 저어가며 익히는 게 중요해요.

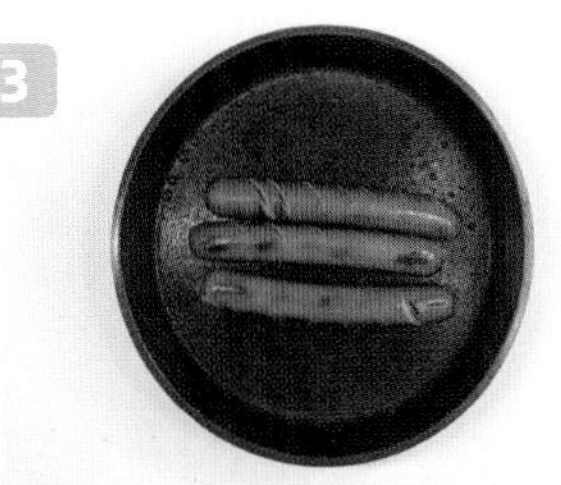

팬에 소시지를 노릇노릇하게 구워주세요.

터지는 게 싫다면 칼집을 내서 약불에 살짝 구우세요.

밥 2공기에 소금과 참기름을 넣어 간을 한 다음 김 위에 펼쳐주세요.

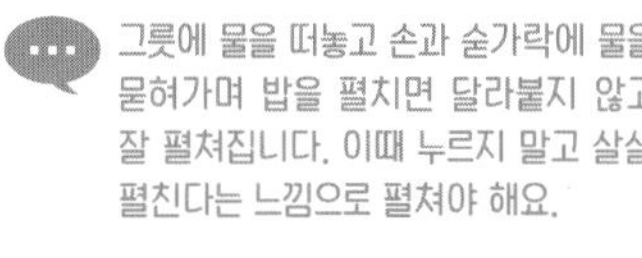

그릇에 물을 떠놓고 손과 숟가락에 물을 묻혀가며 밥을 펼치면 달라붙지 않고 잘 펼쳐집니다. 이때 누르지 말고 살살 펼친다는 느낌으로 펼쳐야 해요.

스크램블에그와 소시지를 올려주세요.

후추를 4~5번 톡톡 뿌리고 마요네즈를 한 줄 뿌린 다음 말아주세요.

김밥 끝부분의 김에는 물을 살짝 묻히면 터지지 않고 잘 달라붙어요.

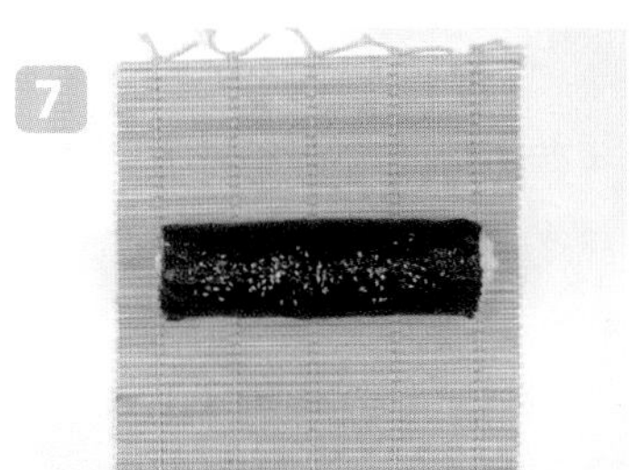

참기름과 깨를 뿌려 마무리하면 완성입니다.

김자반 크림치즈

소요 시간 : 5분 난이도 : 하

※ 불을 쓰지 않고, 칼이나 가위도 필요 없는 간단한 요리입니다.

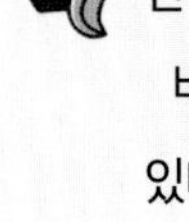

밥도 빵도 좋아하는 분들에게 딱인 김자반 크림치즈 레시피! 칼과 도마 없이 크림치즈에 김자반만 섞으면 완성되는 초간단 요리예요. 주말 아침, 간단하면서도 특별한 한 끼로 제격입니다.

바게트와 최고의 궁합을 자랑하고, 파스타 면이 애매하게 남았다면 섞어 먹어도 별미랍니다. 베이컨이 있다면 바싹 구워서 부숴 넣어 풍미를 더해보세요. 간단하지만 식사다운 크림치즈, 꼭 한번 시도해보세요!

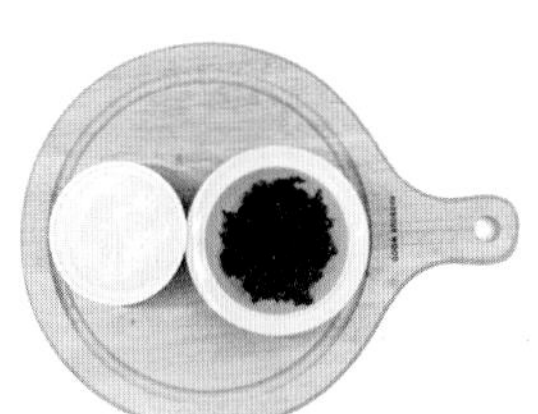

재료 준비

[재료] □ 크림치즈 120g □ 김자반 1줌

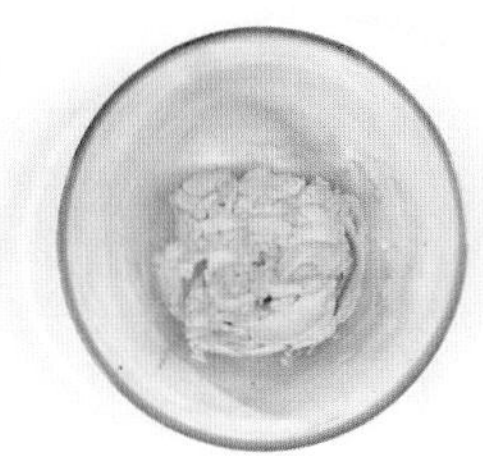

1

크림치즈 120g을 해동을 위해 실온에 꺼내두고 부드러워지면 볼에 넣어서 풀어주세요.

2

김자반 1줌을 넣고 섞으면 완성입니다.

3

먹을 때는 바삭하게 구운 빵 위에 듬뿍 바르고 깨도 있으면 솔솔 뿌려 먹으면 좋아요. 달달한 걸 좋아하면 꿀 한 스푼을 곁들여도 좋습니다.

베이컨 쪽파 크림치즈

소요 시간 : 20분(베이컨 굽는 시간 소요)　난이도 : 하

※ 별다른 조리 없이 재료들의 조합만으로 충분합니다.

뉴욕 브런치로 핫했던 대파 크림치즈 베이글이 이제는 스테디셀러가 되었죠! 만드는 법도 아주 간단해서 대파, 쪽파, 실파, 부추 중 집에 있는 재료로 뚝딱 만들 수 있답니다.

이 베이글을 먹는 아침엔 괜히 예쁜 그릇에 담아 사진 한 장 남기고 싶어져요. 쌉싸름한 커피까지 곁들이면 뉴욕 브런치 부럽지 않은 완벽한 하루가 시작됩니다. 한번 만들어보세요, 만족하실 거예요!

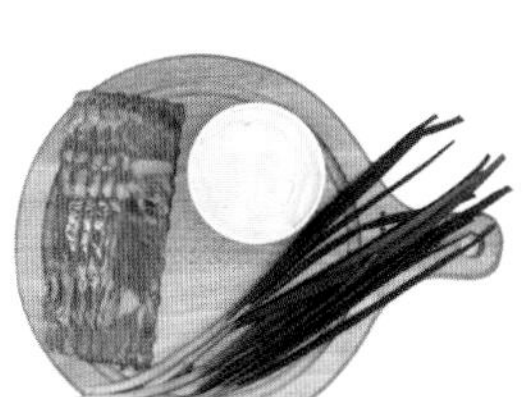

[재료] □ 크림치즈 150g □ 베이컨 5줄 □ 쪽파 1/2줌 □ 후추

1

크림치즈 150g을 해동을 위해 실온에 미리 꺼내서 풀어주세요.

2

쪽파를 1~2cm 크기로 썰어주세요.

3

베이컨은 에어프라이어나 팬에 튀기듯이 구운 다음 부숴주세요.

에어프라이어로 구울 경우 180도에서 12~15분간 구우면 적당히 바삭하답니다.

4

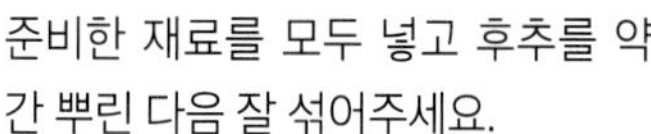

준비한 재료를 모두 넣고 후추를 약간 뿌린 다음 잘 섞어주세요.

5

완성된 크림치즈를 접시나 그릇에 담으면 완성입니다.

토마토 갈릭 크림치즈 오픈 토스트

소요 시간 : 20분 난이도 : 중

※ 요리 초보 분들에게 생소한 조리 방법이 있고, 맛있는 맛을 맞추기 어려울 수 있습니다.

토마토 갈릭 크림치즈 바게트, 유럽에서 먹었던 그 맛을 떠올리게 하는 레시피입니다! 조리법은 간단하지만, 맛과 비주얼 모두 만족스러운 오픈 토스트예요. 빵 위에 재료를 올려 눈도 즐겁고, 빵과의 조합도 완벽하답니다.

마늘과 토마토의 조합은 상상 이상으로 훌륭해요. 익숙한 재료로 이국적이면서도 우리 입맛에 딱 맞는 요리를 만들어보세요. 주말 아침, 이 특별한 메뉴로 시작해보시길 추천합니다!

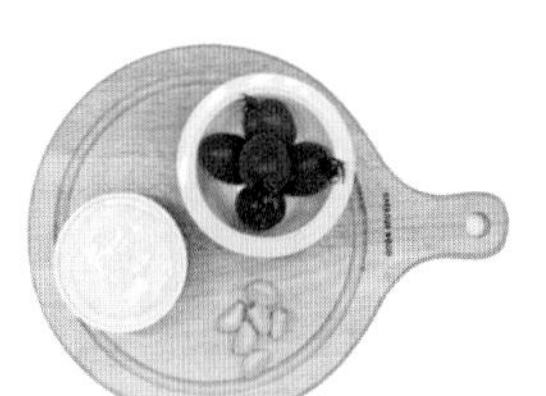

재료 준비

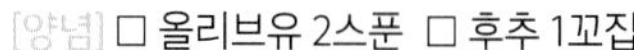

[재료] □ 마늘 8~12알 □ 방울토마토 6~8개 □ 크림치즈 120g □ 빵(종류 무관)

[양념] □ 올리브유 2스푼 □ 후추 1꼬집

종이 호일을 깔고, 그 위에 마늘을 다듬어서 8~12알 올려주세요. 방울토마토 5개도 같이 올리고 올리브유 2스푼과 후추를 뿌려주세요.

종이 호일로 재료를 감싼 다음 전자레인지에서 2분 30초간 돌려주세요.

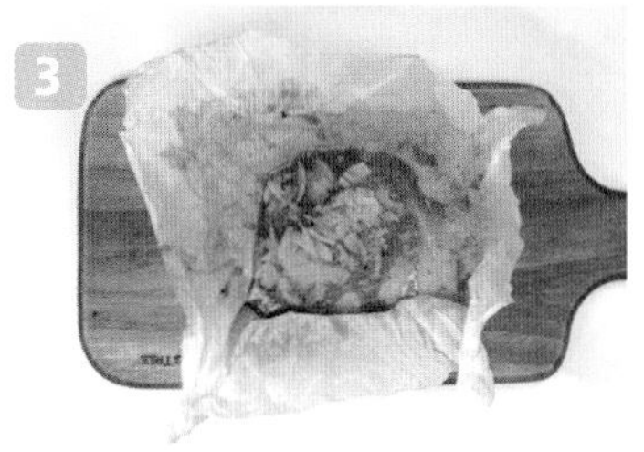

방울토마토는 잠시 빼두고 마늘을 포크로 으깨주세요.

으깬 마늘과 크림치즈 120g을 섞어주세요.

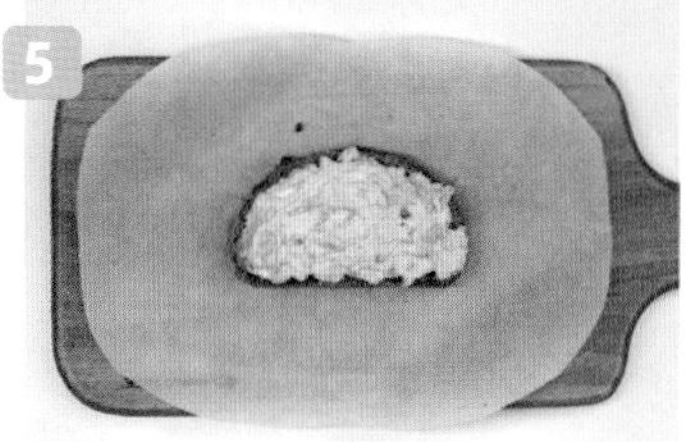

바삭하게 구운 빵에 4번에서 만든 크림치즈를 두껍게 발라주세요.

빼둔 토마토를 3~4개 올리고 후추를 살짝 뿌리면 완성입니다.

굴국밥

소요 시간 : 10분 난이도 : 하

※ 어려운 방법 없이 만들 수 있는 간단한 요리입니다.

어른들을 위한 레시피입니다. 굴국밥에는 매생이 굴국밥, 미역 굴국밥 등 다양한 응용 버전이 있는데 오늘 소개할 것은 계란과 김을 이용한 가장 쉬운 버전의 굴국밥입니다.

구하기 쉬운 재료에 조리법도 간단하지만 맛은 여느 굴국밥 못지않다고요! 국밥이라 비교적 굴의 크기나 신선도에 덜 구애받으니 따뜻한 국물이 당기는 날이면 언제든 만들어 먹을 수 있는, 가벼우면서도 특별한 음식이 될 거예요.

재료 준비

[재료] □ 무 200g □ 굴 1컵 □ 대파 1/3대 □ 계란 1개 □ 조미김 6장
□ 청양고추 1/2개(선택) □ 물 400ml

[양념] □ 간장 1스푼 □ 소금 1티스푼

1 뚝배기에 얇게 썬 무 1컵을 넣고, 물 400ml를 넣고 끓여주세요.

2 끓기 시작하면 간장 1스푼, 소금 1티스푼을 넣어주세요.

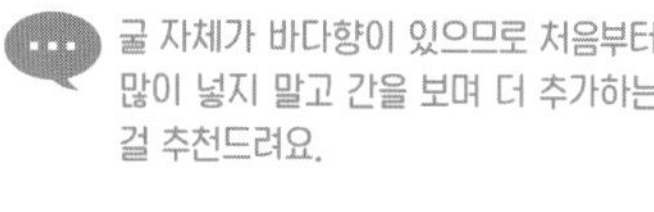

굴 자체가 바다향이 있으므로 처음부터 많이 넣지 말고 간을 보며 더 추가하는 걸 추천드려요.

3 무가 어느 정도 익으면 굴 1컵을 넣고 끓여주세요.

4 파 1/3대를 썰어 넣고, 계란 1개도 풀어서 두르듯이 넣어 주세요.

굴이 터지지 않을 정도로 잘 저어주면 계란이 눌어붙지 않아요.

5 매운 걸 좋아하면 청양고추 1/2개를 추가하고 조미김 6장을 잘게 썰어 넣으면 완성입니다.

토마토 수프

소요 시간 : 25분 난이도 : 중하

※ 어려운 과정은 없고, 식감이나 익은 정도를 판단할 때 개인의 선호 및 요리 센스를 발휘하시면 됩니다.

아프면 어떤 음식을 드시나요? 아무래도 따뜻하고 촉촉한 음식이 몸에도 마음에도 위안이 되죠. 제가 아플 때 친구가 만들어준 뒤 좋아하게 된 음식인데, 그날 그렇게 맛있었던 것은 그 속에 담긴 친구의 따끈한 애정 덕분이었을까요?

햇살과 여유가 있는 오후에 잘 어울리는, 소박한 토마토 수프입니다. 토마토, 양파, 당근과 같이 칼로리가 적은 재료들을 써 다이어트식으로도 좋답니다.

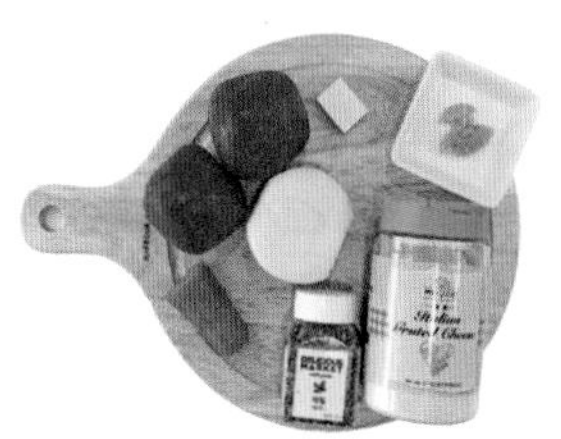

재료 준비

[재료] □ 토마토 350g(큰 것 2개, 작은 것 3개) □ 양파 1/2개 □ 당근 1/3개 □ 물 300ml

[양념] □ 버터 1조각 □ 다진 마늘 1/2스푼 □ 치킨스톡이나 다시다 1스푼(선택)
□ 월계수잎 1~2개(다시마로 대체 가능) □ 소금 2꼬집 □ 후추 2꼬집 □ 올리브유 2스푼
□ 케첩 1스푼(선택) □ 치즈가루 2스푼 □ 파슬리가루 1꼬집

1

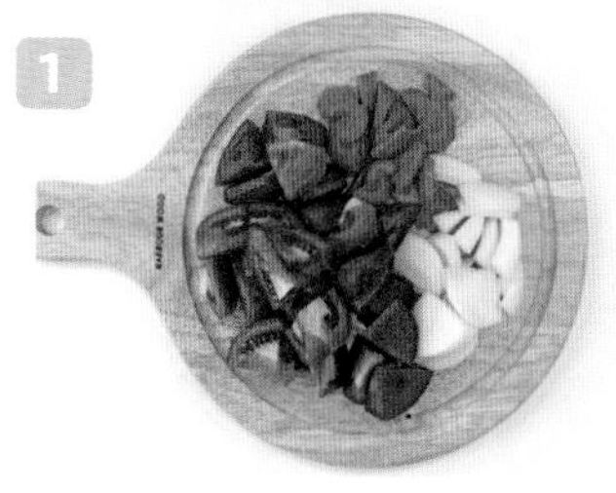

토마토, 양파, 당근을 깨끗하게 씻고 다듬어서 적당한 크기로 잘라주세요.

2

팬에 버터를 1조각 넣고 썰어둔 양파와 다진 마늘 1/2스푼을 넣어서 볶아주세요.

3

양파가 조금 익으면 토마토, 당근도 함께 넣어서 볶아주세요.

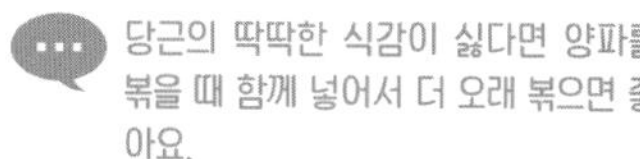

당근의 딱딱한 식감이 싫다면 양파를 볶을 때 함께 넣어서 더 오래 볶으면 좋아요.

4

토마토가 잘 익어서 수분이 생기면 물 300ml를 붓고 치킨스톡이나 다시다(선택)를 넣은 뒤 중불에서 끓여주세요.

5

바질이나 월계수잎도 있다면 넣고 재료가 푹 익을 때까지 중강불에서 15분간 끓여주세요.

6

재료가 푹 익으면 채에 거르거나 한 김 식혀서 믹서에 갈아주세요.

7

소금과 후추 약간, 올리브유 1~2스푼, 케첩 1스푼을 넣고 끓여주세요. 그릇에 담으면 완성입니다.

기호에 따라 치즈가루와 파슬리가루를 뿌려 마무리하세요.

면역력 차

소요 시간 : 15분　난이도 : 중하

※ 특별하게 낯선 재료나 어려운 조리 방법이 없는 간단한 요리입니다.

감기엔 귤차가 좋다는 말, 한 번쯤 들어보셨죠? 해외에서 Immuni-tea로도 유명한 레시피로, 감기 몸살로 지친 몸을 달래기에 딱이에요. 동서양을 막론하고 건강과 지혜를 담은 따뜻한 차 한 잔이 주는 위로는 같으니까요.

가벼운 감기처럼 지나가는 병이라 해도, 아픈 시간은 덜고 빨리 회복되길 바라는 마음으로 이 차를 추천합니다. 몸과 마음을 따뜻하게 감싸줄 한 잔, 꼭 만들어보세요.

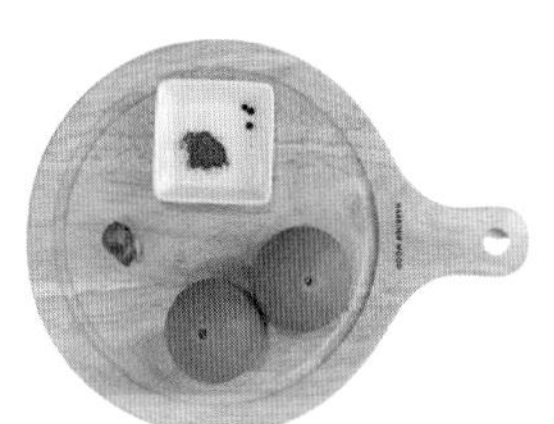

재료 준비

[재료] □ 오렌지 2개 □ 생강 1/2개 □ 통후추 2~3알(선택) □ 시나몬가루 1티스푼 □ 물 650ml □ 꿀 3~4스푼

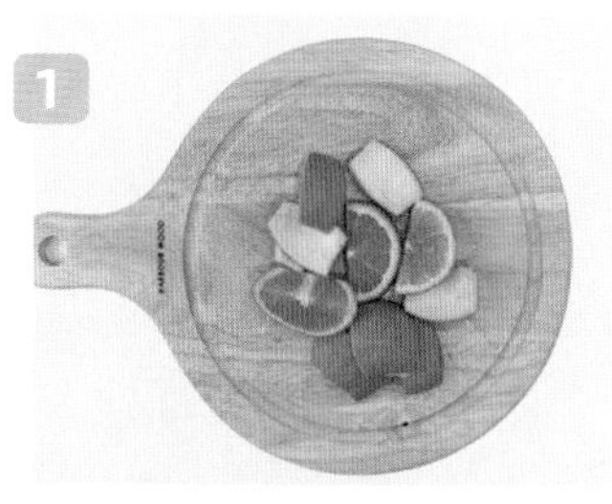

1

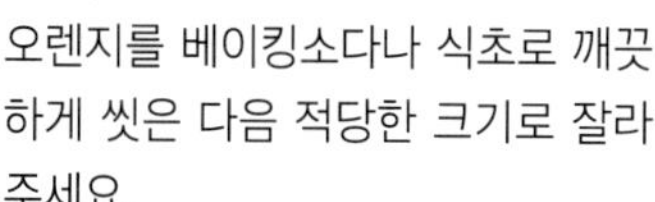

오렌지를 베이킹소다나 식초로 깨끗하게 씻은 다음 적당한 크기로 잘라주세요.

과육을 전부 넣을 필요는 없고 적당히 먹고 남겨주세요. 껍질 70+과육 30 정도가 적당합니다.

2

물 650ml를 끓이다가 오렌지를 넣어주세요.

3

생강 1/2개, 시나몬가루 1티스푼, 통후추(생략 가능)를 함께 넣고 색이 진해질 때까지 6~8분간 끓여주세요. 그 다음, 생강의 맵고 싸한 맛을 잡아주기 위해 꿀을 넣으면 완성입니다.

크루아상 소시지 파이

소요 시간 : 25분(생지 발효 시간 제외) 난이도 : 중

※ 생지로 모양 잡는 것만 잘하면 크게 어렵지 않습니다.

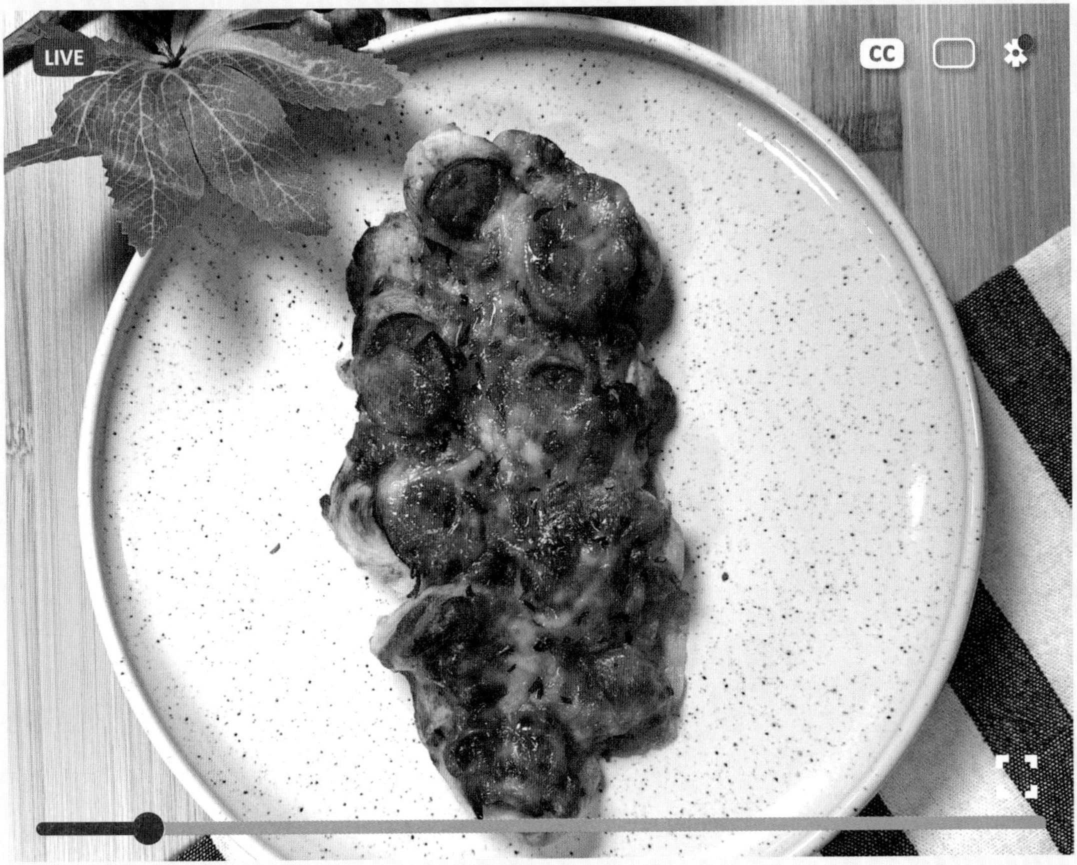

집 근처 빵집에서 팔 것만 같은 맛있는 비주얼을 가진 음식이에요. 다른 베이킹이 필요없이 냉동 생지만 있으면 만들어 먹을 수 있고, 집에서 갓 구운 소시지 빵을 만드는 느낌이라 너무 좋아요. 토마토소스까지 올리면 피자 소시지 빵 느낌도 난답니다.

재료 준비

[재료] □ 모차렐라치즈 1줌 □ 냉동 크루아상 생지 3개 □ 소시지 3개

[양념] □ 토마토소스 1~2스푼

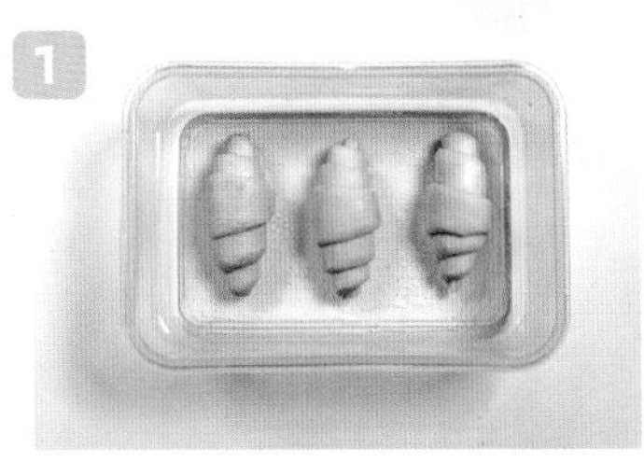

1 냉동 생지를 밀폐 용기에 담아서 실온에 2~3시간 놔둬 발효시켜주세요.

2 발효된 생지를 컵이나 밀대로 납작하게 밀어주세요.

3 소시지 하나를 가운데에 올리고 양옆을 모아서 말아주세요.

4 칼이나 가위로 맨 아래 생지가 완전히 잘리지 않도록 주의하며 칼집을 내주세요.

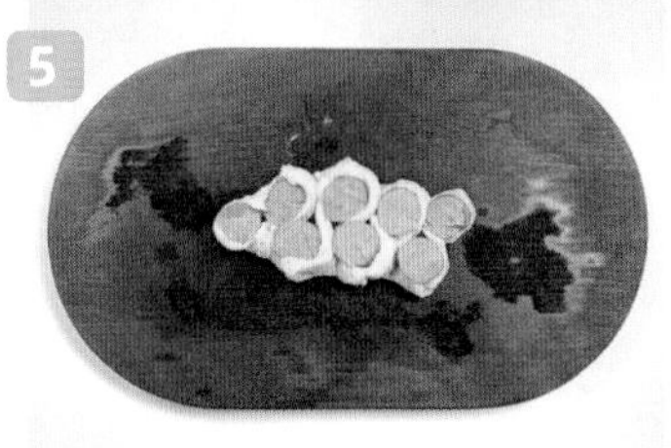

5 각 조각을 교차하여 양옆으로 펼쳐주세요.

6 시판 토마토소스를 1~2스푼 바르고 그 위에 모차렐라치즈를 1줌 올려주세요.

7 에어프라이어 180도에서 8분 30초간 구우면 완성이에요.

토마토 셔벗 치즈 샐러드

소요 시간 : 10분 난이도 : 하

※ 플레이팅만 잘하면 어려운 부분 없이 누구나 만들 수 있습니다.

상큼하고 고소한 맛이 어우러진 건강한 요리로, 여름철에 많이 먹는 메뉴입니다. 시원한 토마토와 고소한 부라타치즈의 풍미가 너무 잘 어울리는 디저트예요.

특히 비주얼이 예쁘고 토마토를 얼려 놓기만 하면 금방 만들 수 있는 디저트라서 집에 손님들이 왔을 때 만들어 먹기 좋은 음식이에요. 간단하게 만들어서 손님들께 자랑하며 대접해보세요!

재료 준비

[재료] □ 얼린 토마토 2개 □ 부라타치즈 1개 □ 새싹 채소 1줌

[양념] □ 발사믹 식초 1스푼 □ 올리브유 1스푼 □ 후추 1꼬집

새싹 채소를 접시에 깔아주세요.

얼린 토마토 2개를 갈아서 셔벗으로 만들어주세요.

새싹 채소 위에 얼린 토마토를 올려주세요.

부라타치즈를 위에 올려주세요.

그 위에 발사믹 식초 1스푼, 올리브유 1스푼, 후추를 조금 뿌리면 완성이에요.

방울토마토 매실 절임

소요 시간 : 10분(숙성 시간 제외) 난이도 : 중

※ 데치는 시간만 잘 조절하면 쉽게 만들 수 있습니다.

제가 피클 대용으로 먹는 음식이에요. 생각보다 만들기도 쉽고 매실과 토마토가 주는 시원함과 달콤함이 입 안의 느끼한 맛을 싹 잡아준답니다. 미리 만들어놓고 스테이크나 피자를 먹을 때 꺼내서 먹으면 좋은 조합이 될 거예요.

재료 준비

[재료] □ 방울토마토 750g □ 생모차렐라치즈 200g □ 통후추 4알

[양념] □ 레몬즙 1스푼 □ 매실청 500ml □ 발사믹 식초 1/2스푼 □ 올리브유 1스푼

1 방울토마토는 꼭지를 따고 끓는 물에 살짝 데쳐주세요.

2 데친 방울토마토를 얼음물에 담가서 껍질이 잘 벗겨지도록 해주세요.

3 이쑤시개로 껍질을 벗겨주세요.

4 매실청을 방울토마토가 잠길 만큼 부어주세요.

5 통후추 4알과 레몬즙 1스푼을 넣고 숙성시켜주세요.

6 하루 동안 숙성시키면 완성이에요.

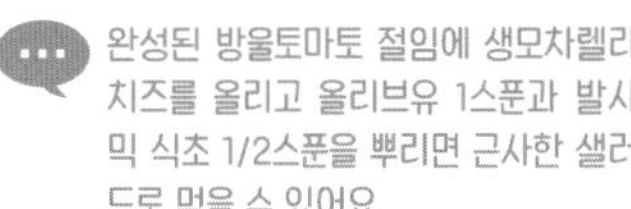

완성된 방울토마토 절임에 생모차렐라치즈를 올리고 올리브유 1스푼과 발사믹 식초 1/2스푼을 뿌리면 근사한 샐러드로 먹을 수 있어요.

가지 스프레드

소요 시간 : 20분 난이도 : 중

※ 가지 속을 빼는 작업만 하면 큰 어려움이 없습니다.

집 근처 베이글 가게에서 가지 스프레드를 팔길래 사서 먹어보고, 살짝 변형해서 따라 만들어본 음식이에요. 처음 먹어보고 '가지에서 이런 맛이 날 수 있구나' 하면서 깜짝 놀랐던 기억이 있답니다.

이 가지 스프레드는 후추와 고춧가루가 들어가 느끼한 맛을 잡아주면서 고소한 맛을 더해주는 것이 예술이랍니다. 꼭 만들어보세요!

재료 준비

[재료] □ 가지 2개 □ 크림치즈 3스푼

[양념] □ 레몬즙 1스푼 □ 고춧가루 1/2스푼 □ 소금 1꼬집 □ 후추 1꼬집 □ 참깨 2스푼

1 가지 2개를 랩으로 감싼 다음 전자레인지에서 7분간 돌려주세요.

2 가지를 식힌 후 꽁지 부분을 자르고 쭉 짜서 내용물을 빼주세요.

얇은 가지는 잘 안 짜질 수 있어요. 그럴 때는 반으로 갈라서 속을 파내도 됩니다.

3 가지 내용물에 참깨 2스푼을 넣어주세요.

4 크림치즈 3스푼, 레몬즙 1스푼, 고춧가루 1/2스푼, 소금과 후추 1꼬집을 넣고 섞어주세요.

5 완성. 빵이나 토르티야와 같이 먹으면 돼요.

Part. 7

밥 한 그릇 뚝딱 밑반찬

게맛살 깻잎전

소요 시간 : 15분　난이도 : 중

※ 어려운 요리 과정은 없지만, 깻잎을 말 때 딱 붙여서 말아야 한다든지, 계란물에 담갔다가 구울 때 풀리지 않도록 신경을 써야 하는 부분이 있습니다.

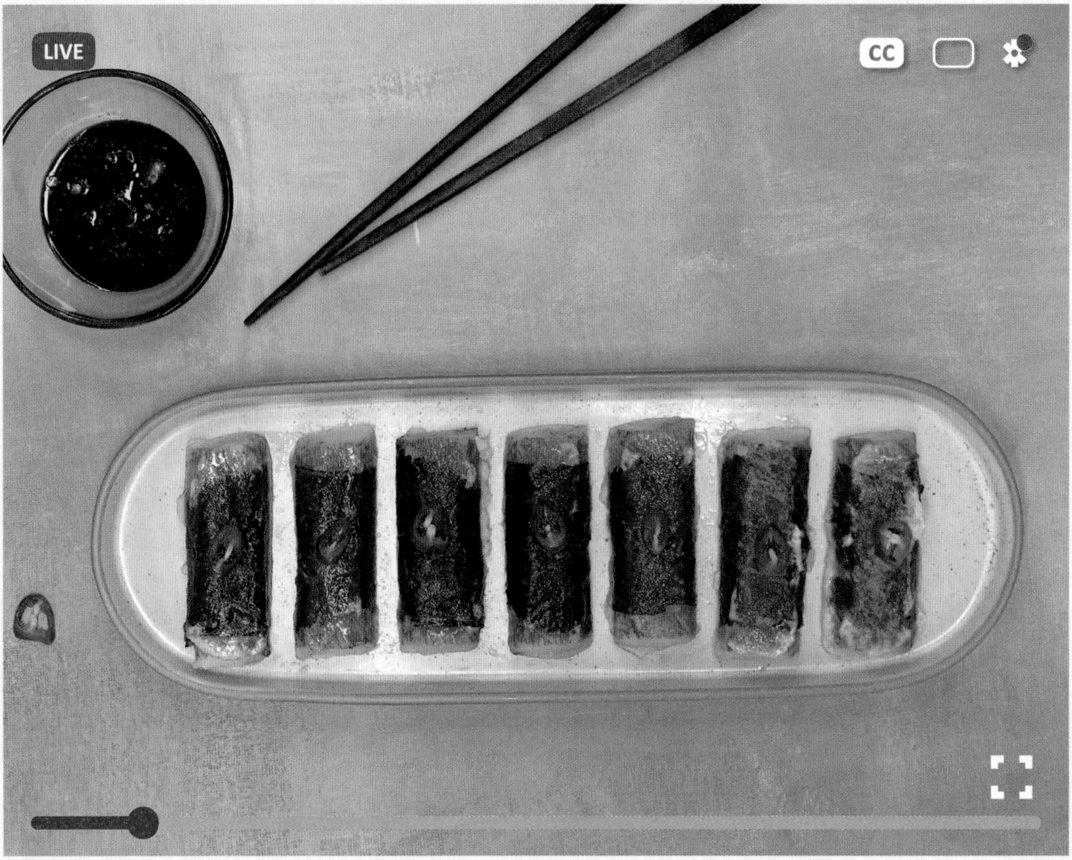

명절 하면 떠오르는 전, 하지만 혼자 살면 번거롭고 남은 반죽 처리도 곤란하죠. 이럴 땐 게맛살 깻잎전을 추천합니다! 게맛살에 깻잎을 말아 계란물만 살짝 묻혀 부치면 간단하면서도 맛있는 전이 완성돼요.

깻잎이 느끼한 맛을 잡아주고, 청양고추를 올리면 끝맛이 매콤해서 더 맛있답니다. 남은 계란물은 계란말이로 활용하면 낭비도 없어요. 자취생에게 딱 맞는 간단하면서도 활용도 높은 레시피랍니다!

재료 준비

[재료] □ 계란 2~3개 □ 크래미 1봉(5개) □ 깻잎 3장 □ 청양고추 1개

[양념] □ 소금 1꼬집 □ 후추 1꼬집

1 계란을 푼 다음 소금, 후추로 밑간을 해주세요.

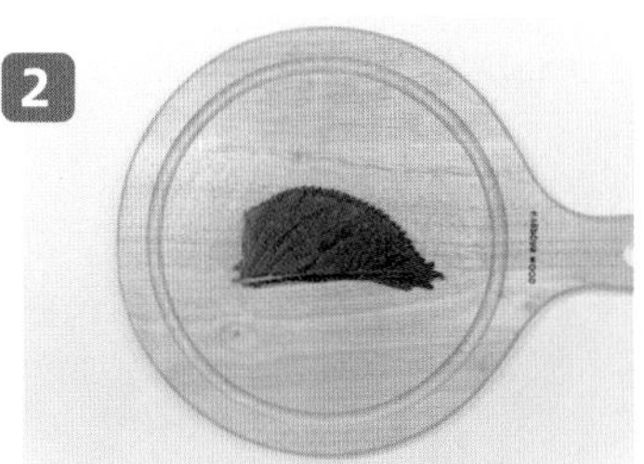

2 깻잎은 꼭지를 자르고, 세로로 반 잘라주세요.

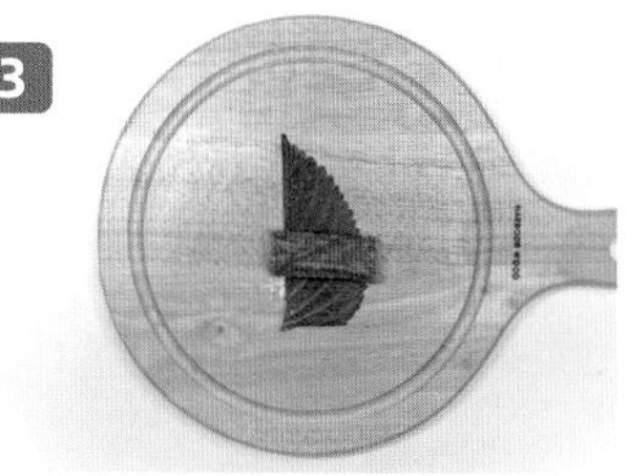

3 깻잎을 뒤집어서 크래미를 놓고 돌돌 말아주세요. 말 때, 깻잎이 크래미에 최대한 붙을 수 있도록 눌러가며 살짝 당기듯이 말아주세요.

4 준비한 크래미 깻잎말이를 계란물에 적셔주세요.

5 기름을 두른 팬에 올려 약불에서 노릇노릇 구워주세요. 계란이 익을 정도로만 살짝 구워도 좋아요.

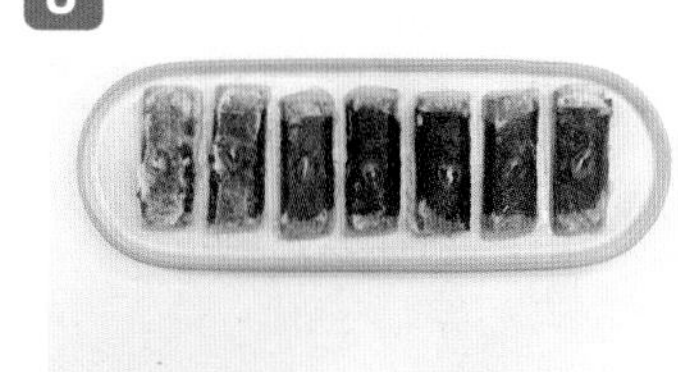

6 접시에 담고, 느끼한 게 싫다면 청양고추를 송송 썰어 하나씩 올리면 완성이에요.

꼬치 없는 산적

소요 시간 : 20분 난이도 : 상

※ 모양을 잡는 과정에서 섬세함이 필요해서 약간 난이도가 높습니다.

이 음식은 부모님에게 많이 해드린 음식이에요. 생각보다 계란이 알맞게 익도록 굽는 게 힘들어서 약불로 천천히 익혀야 하는, 신중함이 필요한 음식이에요. 정성이 들어간 만큼 맛은 확실히 있죠.

햄, 게맛살의 단백함과 단무지, 꽈리고추의 시원하고 매콤한 맛이 조화롭답니다. 여러분도 부모님에게 특별한 음식을 해드릴 때, 한번 도전해보세요!

재료 준비

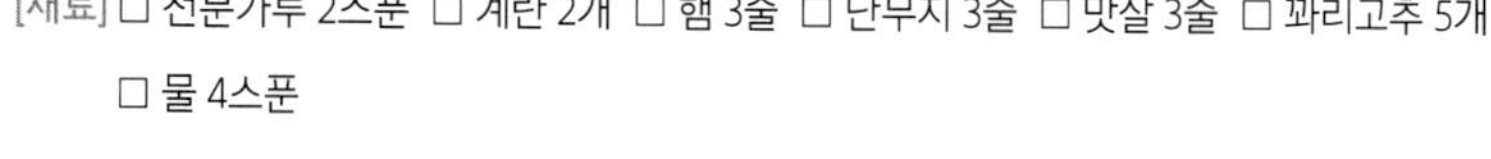

[재료] □ 전분가루 2스푼 □ 계란 2개 □ 햄 3줄 □ 단무지 3줄 □ 맛살 3줄 □ 꽈리고추 5개 □ 물 4스푼

1

계란 2개, 전분가루 2스푼, 물 4스푼을 한 용기에 넣어주세요.

2

잘 풀어서 계란물을 만들어주세요.

3

팬에 먼저 계란물을 두껍게 부은 다음 약불에서 천천히 익혀주세요. 그 후 햄, 맛살, 단무지, 꽈리고추를 차례로 올리고 사이사이에 계란물을 보충해주세요.

4

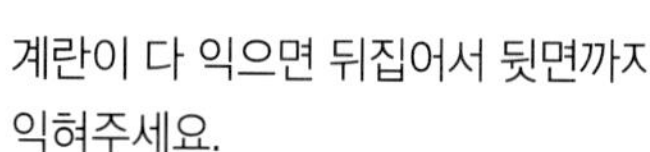

계란이 다 익으면 뒤집어서 뒷면까지 익혀주세요.

5-1

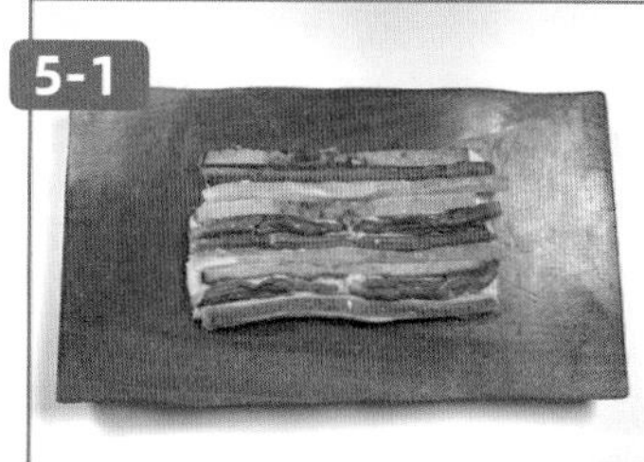

5-2

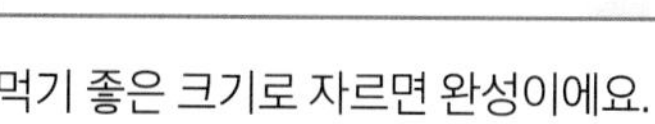

먹기 좋은 크기로 자르면 완성이에요.

간장 새우장

소요 시간 : 30분~1시간, 숙성 3일 난이도 : 중

※ 숙성시키는 음식을 처음 만들어보는 분들에게는 조리 과정이 복잡해 보일 수 있지만, 실제로 해보면 간단하게 만들 수 있는 요리입니다.

그때그때 신선하고 새로운 반찬을 몇 가지씩 구비해두진 못하더라도, 검증된 밥도둑 하나쯤은 갖추는 게 마음 든든하지 않으신가요?

여행지에서 산 새우장을 먹다가 직접 만들어봤어요. 수십 년 전통의 노하우는 없을지라도 덜 짜고 담백해서 남녀노소 누구나 좋아할 거예요! 달콤 짭짤하니 입맛 없을 때도 밥 두 공기는 거뜬히 먹는 간장 새우장! 쉽고 간편하니 꼭 한번 도전해보세요~

재료 준비

[재료] □ 새우 500g □ 대파 1/2대 □ 양파 1/2개 □ 마늘 5알 □ 청양고추 4개

[양념] □ 물 1컵 □ 소금 1티스푼 □ 설탕 1.5소주컵 □ 맛술 3소주컵 □ 간장 4소주컵 □ 레몬즙 1스푼

1

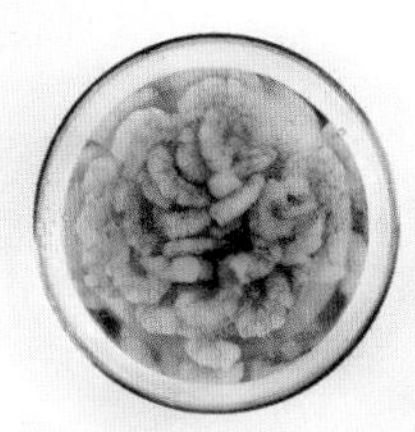

새우 500g에 물을 적당량 붓고 맛술 1소주컵, 소금 1티스푼을 같이 넣어 잡내를 제거해주세요.

2

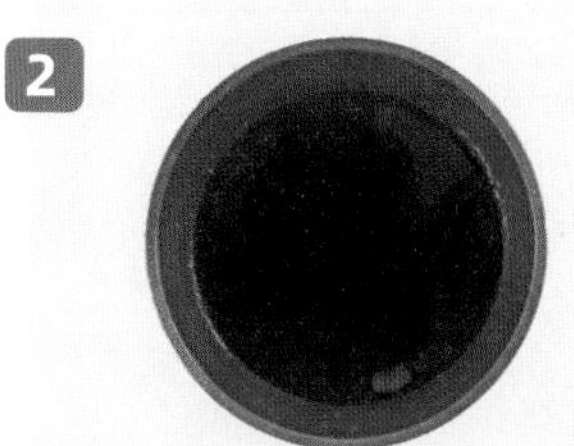

냄비에 물 1컵, 설탕 1.5소주컵, 맛술 2소주컵, 간장 4소주컵을 넣고 설탕이 완전히 녹을 때까지 끓인 다음 한 김 식혀주세요.

1, 2번은 오래 걸리는 과정이라서 요리를 시작하기 전에 미리 해두는 게 좋습니다.

3

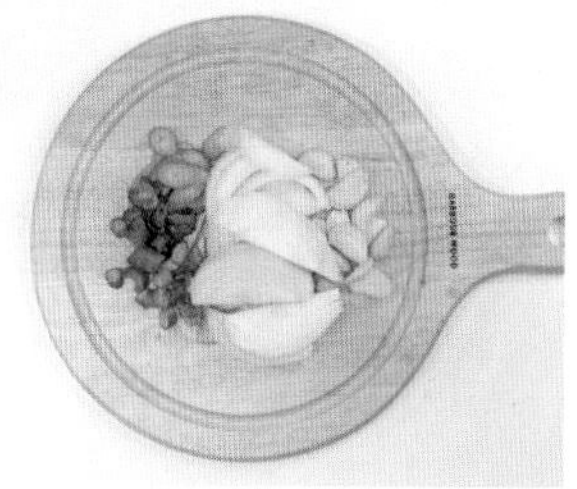

대파 1/2대, 양파 1/2개, 마늘 5알을 먹기 좋게 썰어주세요.

4

깨끗하게 씻은 새우에 손질한 채소들을 올려주세요.

5

식힌 간장소스를 부어주세요. 레몬즙 1스푼을 넣고 취향에 따라 청양고추 4개를 넣은 다음 냉장고에서 하루 이상 숙성시키면 완성입니다.

불닭 새우장

소요 시간 : 30분~1시간(해동), 숙성 3일　　난이도 : 중

※ 양념 균형을 맞추는 게 중요한 요리입니다.

몇 년 전 유행했던 불닭소스 레시피들, 지금도 기억하시나요? 저는 여전히 불닭소스를 애용하는데요, 적당히 섞어 쓰면 재료들과 조화롭게 어우러져 새로운 맛을 만들어낸답니다.

특히 추천하는 메뉴는 불닭 새우장! 간단히 만들어두면 며칠간 밥 걱정 없이 맛있게 즐길 수 있어요. 하루만 기다려도 좋지만, 3일 정도 숙성하면 소스 맛이 은은해져 더 깊은 풍미를 느낄 수 있답니다. 매일 밥 차리기 귀찮을 때 딱이에요. 꼭 한번 시도해보세요!

재료 준비

[재료] □ 새우 500g □ 양파 1/2개 □ 대파 1대

[양념] □ 맛술 1소주컵과 2스푼 □ 소금 1티스푼 □ 고춧가루 2소주컵 □ 간장 2소주컵 □ 설탕 2스푼 □ 물엿 2소주컵 □ 불닭소스 3큰술 □ 다진 마늘 2스푼

1

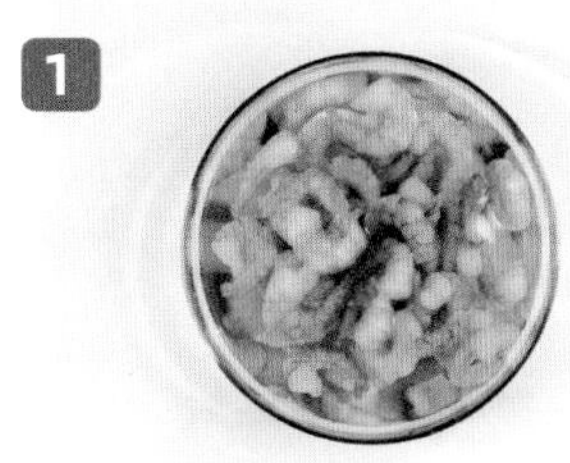

새우 500g과 물 적당량을 붓고 맛술 1소주컵, 소금 1티스푼을 같이 넣어 잡내를 제거해주세요.

2

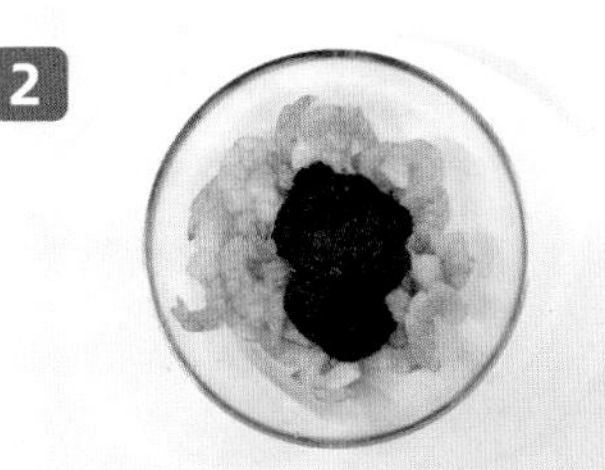

깨끗하게 씻은 새우에 고춧가루 2소주컵, 간장 2소주컵, 설탕 2스푼, 물엿 2소주컵을 부어주세요.

3

양파 1/2개, 대파 1대는 잘게 다지거나 식감이 싫다면 갈아서 넣어주세요.

4

불닭소스 3큰술, 맛술 2스푼을 넣고 조물조물 버무려주세요.

5

다진 마늘 2스푼을 넣고 한 번 뒤적여서 냉장고에서 하루 이상 숙성시켜주세요. 그럼 완성입니다.

소시지 야채볶음

소요 시간 : 15분 난이도 : 하

※ 어려운 과정 없이 쉽게 만들 수 있는 요리입니다.

취향 타지 않고 자꾸만 손이 가는 반찬 쏘야! 너무너무 간단하지만 처음 만든다면 맛있게 만들 수 있을까 걱정되실 것 같아 준비했습니다. 이렇게만 만들면 실패 없이 맛있는 쏘야가 완성이에요.

소시지만 골라 먹다 편식한다고 꾸지람 들었던 일이 한 번쯤 있으시죠? 형제들과 매일 저녁 벌였던 소시지 반찬 전쟁. 배 터지게 소시지만 먹어도 아무도 뭐라고 하지 않는 어른이 되고 나니 외려 그때가 그리워지곤 합니다.

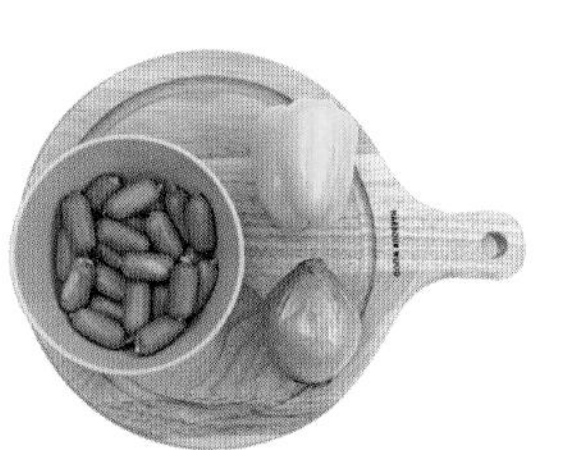

재료 준비

[재료] □ 비엔나소시지 200g □ 파프리카 1개 □ 양파 1개

[양념] □ 케첩 3스푼 □ 고추장 1스푼 □ 간장 또는 굴소스 1스푼 □ 올리고당 또는 설탕 1스푼 □ 다진 마늘 1/2스푼

1

뜨거운 물에 비엔나소시지를 한 번 삶은 다음 200g을 준비해서 칼집을 내줍니다.

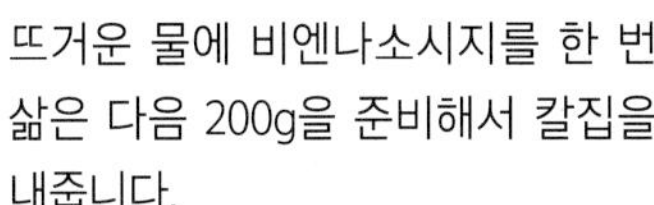

2

팬에 식용유를 한 바퀴 넉넉히 두르고 소시지를 겉이 노릇노릇하도록 구워줍니다.

3

소시지가 구워지는 동안 야채를 손질해줍니다.

4

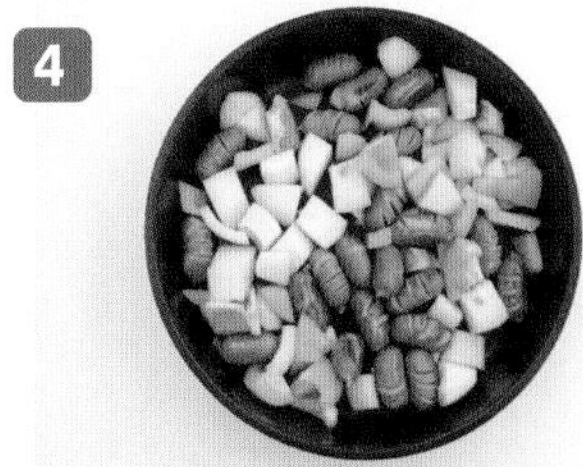

파프리카 1개, 양파 1개를 깍둑썰어서 팬에 넣어주세요.

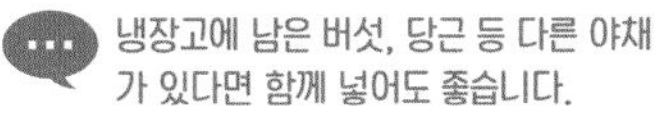

냉장고에 남은 버섯, 당근 등 다른 야채가 있다면 함께 넣어도 좋습니다.

5

채소의 숨이 죽기 전에 양념을 넣습니다. 우선 다진 마늘 1/2스푼과 올리고당 1스푼을 넣어주세요. 곧바로 케첩 3스푼과 고추장 1스푼을 넣고, 간장(또는 굴소스) 1스푼으로 간을 맞춰줍니다.

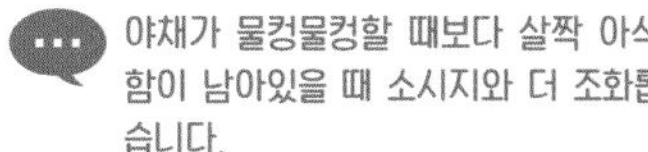

야채가 물컹물컹할 때보다 살짝 아삭함이 남아있을 때 소시지와 더 조화롭습니다.

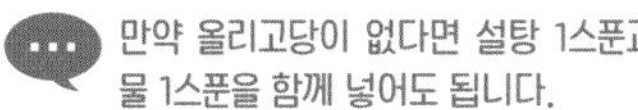

만약 올리고당이 없다면 설탕 1스푼과 물 1스푼을 함께 넣어도 됩니다.

6

양념이 골고루 묻도록 볶으면 완성입니다.

가지구이

소요 시간 : 20분 난이도 : 중

※ 굽는 조리 과정이 필요해요.

혹시 제 레시피를 보시는 분 중 아직도 가지 안 드시는 분이 계세요?! 맛없는 요리 때문에 가지를 싫어하게 된 분들도, 맛있는 레시피로 다가가면 가지의 맛을 알게 되실 거예요. 바로 이 레시피만 있으면 말이죠.

가지는 생각보다 구웠을 때 맛있답니다. 가지 특유의 식감은 덜해지고 달큰한 향까지 나면서 기분이 좋아지죠. 거기에 치즈까지 살짝 추가해주면 밥 반찬이나 술안주로 딱이에요!

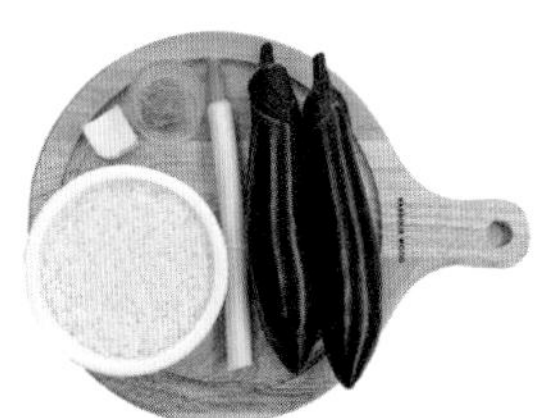

재료 준비

[재료] □ 가지 2개 □ 대파 1대

[양념] □ 간장 3스푼 □ 물 3스푼 □ 고춧가루 1스푼 □ 다진 마늘 1개 □ 버터 1조각 □ 치즈가루 1줌

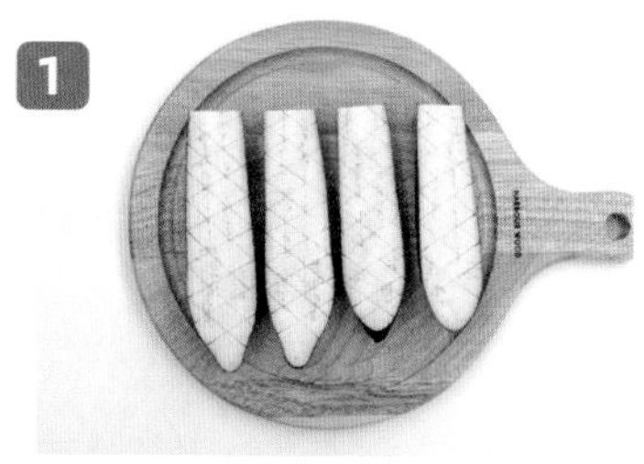

1 가지 2개를 깨끗하게 씻어서 꼭지를 제거해주세요. 반으로 자른 다음 사선으로 칼집을 내주세요.

2 대파의 흰 부분을 잘게 다져주세요.

3 대파, 간장 3스푼, 물 3스푼, 설탕 1스푼, 고춧가루 1스푼, 다진 마늘 1개를 섞어주세요.

4 팬에 버터 1조각을 넣어주세요.

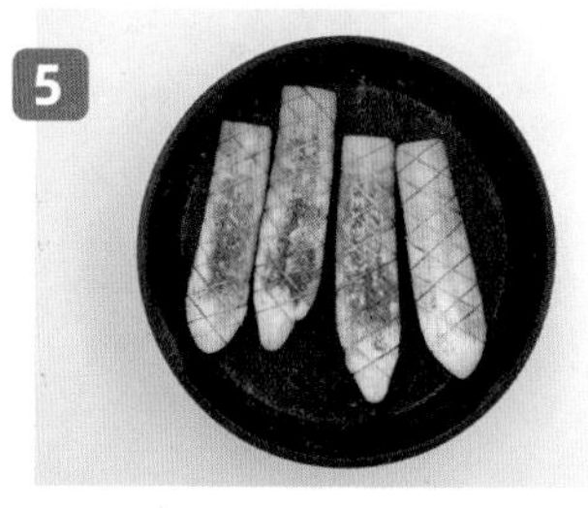

5 가지를 노릇하게 구워주세요.

6 만들어둔 소스를 부어서 골고루 발라주세요.

치즈, 파슬리가루를 취향에 맞게 뿌려서 먹으면 더 맛있어요!

계란볶이

소요 시간 : 20분 난이도 : 하

※ 칼을 사용하지 않는 간단한 요리입니다.

떡볶이, 라면볶이에 삶은 계란이 하나뿐이라 아쉬웠던 분들 집중! 집에서 간단하게 간식이나 반찬으로 계란볶이를 만들어봅시다. 떡볶이 맛이면서 탄수화물이 적어 다이어트 중 떡볶이가 먹고 싶을 때 해먹기 딱 좋아요. 떡볶이보다 재료도 적고, 손도 적게 가서 더 자주 해먹게 될지도 모릅니다. 가스레인지 불을 켜고 12분! 중불로 유지만 해도 호불호 없는 적당한 반숙이 될 거예요.

재료 준비

[재료] □ 계란 8개 □ 조미김 1봉지 □ 모차렐라치즈(선택)

[양념] □ 설탕 2스푼 □ 고춧가루 2스푼 □ 간장 2스푼 □ 다진 마늘 1스푼 □ 케첩 1스푼 □ 고추장 2스푼 □ 물 1.5컵 □ 참기름 1스푼 □ 깨 1꼬집

1

계란을 끓는 물에 12분간 삶은 다음 건져서 찬물에 식혀주세요.

계란을 삶을 때 식초를 넣으면 껍질이 더 잘 벗겨진답니다.

2

설탕 2스푼, 고춧가루 2스푼, 간장 2스푼, 고추장 2스푼, 다진 마늘 1스푼, 케첩 1스푼을 넣고 물을 1.5컵 넣어 양념을 만들어주세요.

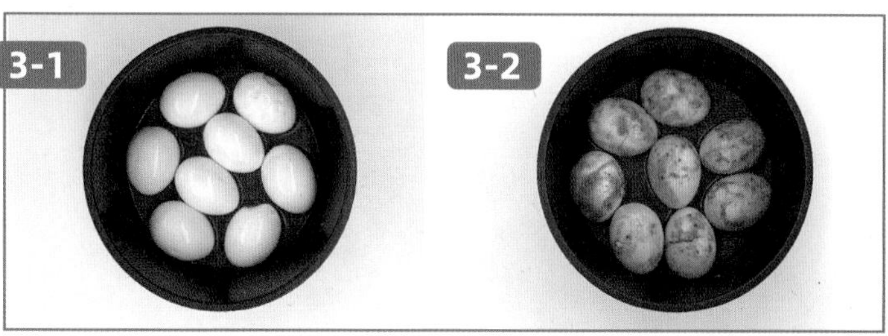

3-1 3-2

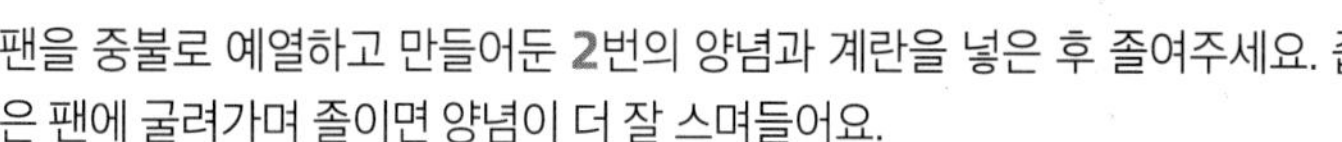

팬을 중불로 예열하고 만들어둔 **2**번의 양념과 계란을 넣은 후 졸여주세요. 좁은 팬에 굴려가며 졸이면 양념이 더 잘 스며들어요.

4

김을 잘라 넣고 깨를 뿌린 후, 참기름을 한 바퀴 두르면 완성입니다.

쪽파가 있다면 함께 썰어 넣어도 좋아요.

고추 다대기

소요 시간 : 15분 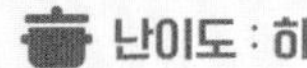 난이도 : 하

※ 조리 방법이 단순해서 누구나 만들기 쉬운 요리입니다.

매일 먹을 반찬이 고민이라면 청양고추 다대기를 추천합니다! 청양고추나 일반 고추를 다져 간단히 만들 수 있고, 오래 보관 가능해 밥반찬은 물론 제육볶음, 닭볶음 등 요리에 활용하기 좋아요. 한 번 만들어두면 정말 편리한 만능 반찬이에요. 꼭 한번 시도해보세요!

재료 준비

[재료] □ 매운 고추 30~40개 □ 건새우 2줌

[양념] □ 다진 마늘 6스푼 □ 간장 2스푼 □ 액젓 2스푼 □ 물 4스푼 □ 참기름 2~3스푼

1

팬에 매운 고추 30~40개를 잘게 다져 넣어주세요.

칼로 다져도 되지만 다지기를 사용해도 좋아요. 눈에 튀는 것 주의!

2

건새우 2줌을 부숴 넣어주세요.

건새우 대신 세멸 또는 다진 고기를 사용해도 좋아요.

3

다진 마늘 6스푼, 참기름 2바퀴를 넣고 뒤적여 볶아주세요.

4

숨이 죽으면 간장 2스푼, 액젓 2스푼, 물 4스푼을 넣어주세요.

5

3~5분 더 익히면 완성입니다.

순두부장

소요 시간 : 5분  난이도 : 하

※ 불을 사용하지 않아도 되는 간단한 요리입니다.

순두부는 순두부찌개, 순두부 조림, 순두부 장칼국수처럼 매콤하고 따뜻한 요리도 좋지만 두고두고 꺼내 먹는 반찬으로 만들 수도 있답니다. 이 레시피는 밥을 비벼 먹기 딱 좋은 간장 순두부장 레시피예요. 흐트러지지 않은 부분은 소담하게 담아내면 손님용 반찬으로도 안성맞춤이랍니다. 허전했던 밥상이 고급 한정식으로 다시 태어나는 걸 보게 되실 거예요.

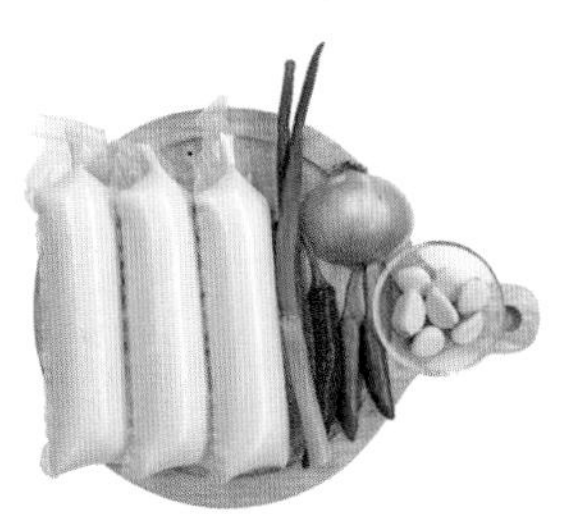

재료 준비

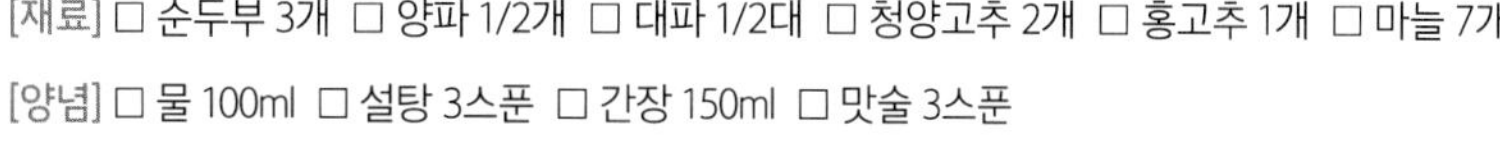

[재료] □ 순두부 3개 □ 양파 1/2개 □ 대파 1/2대 □ 청양고추 2개 □ 홍고추 1개 □ 마늘 7개

[양념] □ 물 100ml □ 설탕 3스푼 □ 간장 150ml □ 맛술 3스푼

1

양파 1/2개, 대파 1/2대, 청양고추 2개, 홍고추 1개를 다져서 준비하고, 마늘 7개는 편썰어주세요.

마늘 향을 좋아하지 않는다면 마늘은 빼도 좋아요.

2

물 100ml, 설탕 3스푼, 간장 150ml, 맛술 3스푼을 용기에 넣고 섞어주세요.

3

순두부 3개를 밀폐용기에 넣고 썰어 둔 재료들을 넣어주세요.

4

양념을 부어서 반나절~한나절 이상 냉장 보관하면 완성입니다.

마라 두부

소요 시간 : 30분 난이도 : 중

※ 두부를 골고루 튀기듯이 구워야 해서 다른 요리보다 많은 시간이 소요되는 요리입니다.

마라 두부, 매콤하고 화한 맛이 당길 때 딱입니다! 저렴하고 속을 시원하게 풀어줄 뿐 아니라, 다이어트 중에도 부담 없이 즐길 수 있어 강력 추천해요.

버섯이나 어묵 등 남은 재료를 추가해도 좋지만, 재료가 늘어나면 양념도 함께 늘려주세요. 전분은 미리 풀어 사용해야 뭉치지 않으니 잊지 마세요. 혈중 마라 농도를 채우고 싶다면, 꼭 만들어보세요!

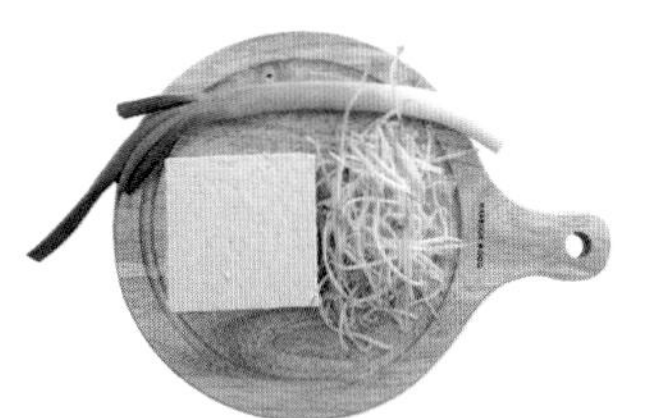

재료 준비

[재료] □ 두부 1모 □ 대파 1대 □ 숙주 3줌

[양념] □ 다진 마늘 1스푼 □ 마라 소스 3스푼 □ 굴소스 4스푼 □ 설탕 1스푼 □ 물엿 1/2스푼 □ 참기름 1스푼

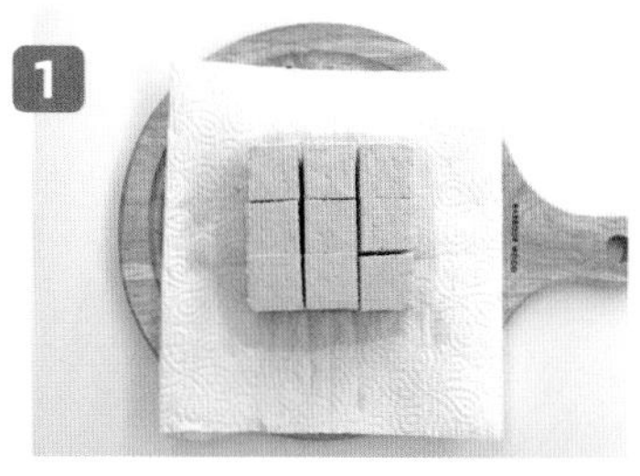

1 단단한 두부 1모를 2~3cm 크기로 깍둑썰기해서 키친타월로 물기를 한 번 제거해주세요.

전자레인지에서 30초 정도 돌리면 수분이 빠르게 제거됩니다.

2 팬에 기름을 넉넉하게 두르고 중불로 두부를 튀기듯이 구워주세요. 기름이 튈 수 있으니 주의하세요.

3 뒤집어서 다른 면도 노릇하게 구워주세요. 온도가 높아져서 기름이 튀면 불을 살짝 줄여도 좋아요.

4 두부가 노릇노릇해지면 다진 마늘 1스푼과 대파 1대를 넣어주세요. 대파 1/3대 정도는 남겨주세요.

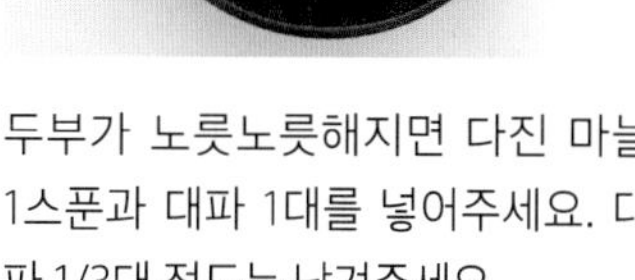

5 마라 소스 3스푼, 굴소스 4스푼, 설탕 1스푼을 섞어서 소스를 만들어주세요.

6 소스를 넣고 함께 볶아주세요.

마라 소스마다 간이 상당히 다르니, 간이 센 편이라면 굴소스 양을 줄여도 좋아요.

7 두부에 양념이 스며들면 숙주를 올려 함께 볶아주세요.

숙주는 생각보다 금방 숨이 죽으니 다음 과정을 빠르게 진행하세요.

8 숙주가 숨이 죽을 때쯤 전분과 물을 1:2로 섞은 전분물을 부어주세요. 전분이 뭉치지 않게 풀고 물엿 1/2스푼을 버무려 코팅해주세요.

9 남은 대파를 올리고 참기름 1스푼을 두르면 완성입니다.

콩닭

소요 시간 : 20분(재우는 시간 제외) 난이도 : 중

※ 재우는 시간과 볶는 과정이 필요합니다.

여중, 여고를 나와서인지 학창 시절 저와 친구들은 파스타보다 콩불을 즐겨 먹었답니다. 옛 추억이 떠오르는 매콤달콤 양념에, 아삭아삭한 콩나물과 야들야들한 닭다리살이 콩불만큼이나 조화롭게 어우러지는 콩닭을 소개할게요. 닭갈비 맛이 나면서 찜닭 느낌도 나는 매력적인 음식이에요! 사먹는 것만큼 맛있으면서도 간단해서, 자취 요리로도 함께 먹을 메뉴로도 손색이 없답니다.

재료 준비

[재료] □ 닭다리살 600g □ 콩나물 1봉지 □ 청양고추 2~3개 □ 대파 1대

[양념] □ 맛술 3스푼 □ 간장 3스푼 □ 고춧가루 3스푼 □ 설탕 3스푼 □ 다진 마늘 2스푼 □ 고추장 3스푼 □ 참기름 1스푼

1

닭다리살 600g을 먹기 좋게 잘라주세요.

기름을 싫어하면 껍질을 제거하는 게 좋아요.

2

맛술 3스푼, 간장 3스푼, 고춧가루 3스푼, 설탕 3스푼, 다진 마늘 2스푼, 고추장 3스푼, 매실액 2스푼을 넣고 섞어주세요. 매실액은 없다면 생략해도 좋습니다.

3

2~3시간 재워두면 더 맛있게 먹을 수 있답니다.

4

냄비에 콩나물 1봉지를 깔고 양념한 닭고기를 올린 다음 중불에서 익혀주세요.

콩나물이 아삭한 것을 선호한다면 고기를 볶은 후 콩나물을 넣어도 좋아요.

5

콩나물의 숨이 죽으면 대파 1대를 썰어 넣고 타지 않게 잘 저으며 볶아주세요.

6

청양고추 2~3개를 넣고 5분 정도 더 끓여주세요.

7

참기름 1스푼을 뿌리면 완성입니다.

토마토 소박이

소요 시간 : 15분   난이도 : 중

※ 조리 과정은 간단하지만 토마토 속을 채우는 것이 번거로울 수 있습니다.

어릴 땐 토마토를 그냥 먹거나 설탕을 뿌려 먹었는데, 토마토 달걀 볶음을 계기로 토마토를 동양 요리로 즐길 수 있다는 걸 알게 되었어요.

오늘은 그 연장선에서 토마토 소박이를 소개합니다! 조금 낯설게 느껴질 수 있지만, 의외로 조화로운 맛에 깜짝 놀라실 거예요. 고기 파티에 밑반찬이 필요할 때 딱이니, 망설이지 말고 도전해보세요!

재료 준비

[재료] □ 토마토 6개 □ 부추 1줌 □ 양파 1/2개

[양념] □ 설탕 1스푼 □ 고춧가루 3스푼 □ 액젓 1스푼 □ 매실액 2스푼 □ 물 1스푼 □ 다진 마늘 1/2스푼 □ 식초 2스푼

1

토마토 6개를 깨끗하게 씻어서 물기를 제거해주세요. 토마토는 꼭지를 따고 칼집을 넣어서 준비해주세요.

2

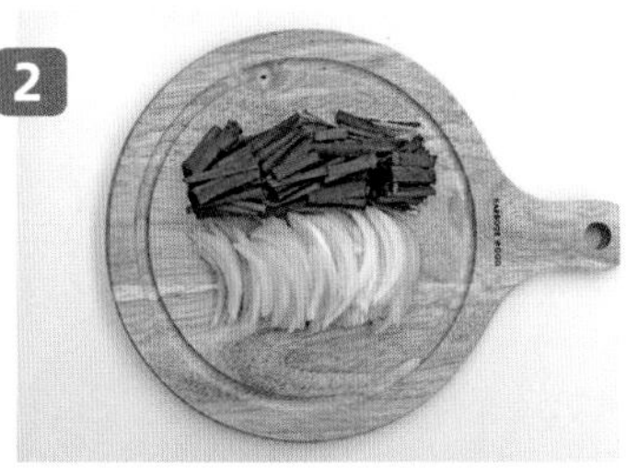

부추 1줌을 2~3cm로 썰고 양파 1/2개는 최대한 얇게 채썰어주세요.

3

썰어둔 부추, 양파에 설탕 1스푼, 고춧가루 3스푼, 액젓 1스푼, 매실액 2스푼, 물 1스푼, 다진 마늘 1/2스푼, 식초 2스푼을 버무려주세요.

4

양념을 토마토 사이사이에 끼워넣고 남는 양념은 겉에 뿌리면 완성입니다.

시스루 오이 피클

소요 시간 : 20분(절이는 시간 제외) 난이도 : 중

※ 오이를 얇게 자르는 시간이 소요됩니다.

LIVE CC

오이를 싫어하는 분을 사로잡을, 새콤달달 시원한 시스루 오이 피클입니다. 새콤하게 절여서 오이 향이 많이 나지 않아 오이를 싫어하시는 분들도 부담이 적고 반찬으로도 좋은 음식이에요. 특히 샌드위치에 넣어 먹거나 햄버거나 피자에 곁들여도 좋죠. 얇게 잘라서 양념이 스며드는 속도가 빠르니 오래 기다릴 필요도 없습니다. 만들어두면 눈 깜짝할 새 사라질 거예요.

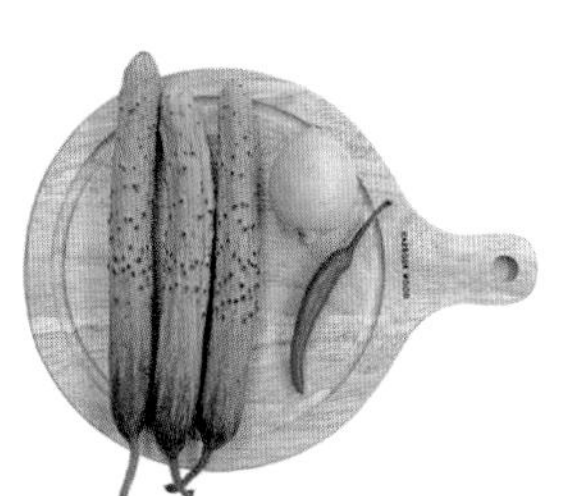

재료 준비

[재료] □ 오이 3개 □ 레몬 3장 □ 청양고추 1/2개

[양념] □ 사이다 500ml □ 설탕 2스푼 □ 식초 3스푼 □ 소금 1스푼

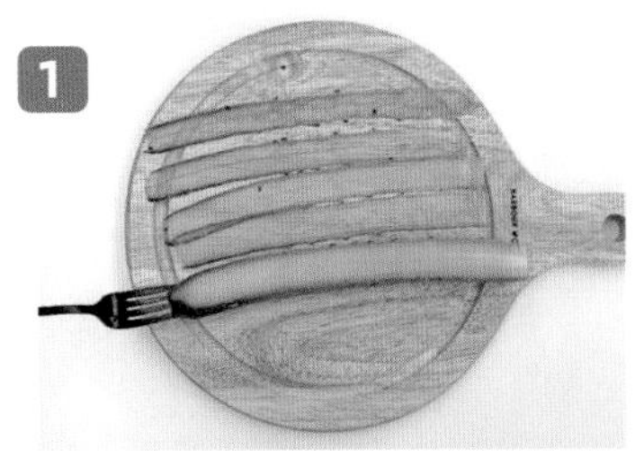

1. 오이 3개의 꼭지를 자르고 감자칼로 슬라이스해주세요.

포크를 아래쪽에 꽂아서 슬라이스하면 더 안전하답니다.

2. 오이를 밀폐용기에 차곡차곡 담아주세요.

3. 레몬 3장, 청양고추 1/2개, 설탕 2스푼, 식초 3스푼, 소금 1스푼을 넣고 후추를 살짝 뿌려주세요. 사이다 500ml를 부어서 반나절 숙성시키면 완성입니다.

레몬이 없다면 레몬즙이나 레몬식초 1스푼을 넣어주세요.

아코디언 오이

소요 시간 : 20분(절이는 시간 제외)  난이도 : 중

※ 오이가 절단되지 않게 주의해서 자르는 게 중요합니다.

천 원, 이천 원으로 뚝딱 만들 수 있는 쉽고 저렴한 반찬, 아코디언 오이를 소개합니다! 촘촘한 모양 덕분에 양념이 잘 스며들어 통오이 맛이 강한 오이소박이보다 호불호가 덜해요. 어른들의 입맛을 사로잡고, 편식하는 어린이도 오이를 좋아하게 만들 수 있는 반찬! 더운 날, 시원한 아코디언 오이로 입맛도 기분도 상쾌해지세요!

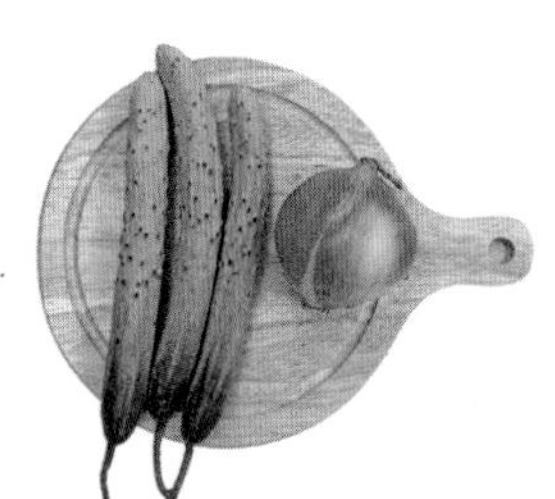

재료 준비

[재료] □ 오이 3개 □ 양파 1/2개

[양념] □ 소금 1/2스푼과 3티스푼 □ 고춧가루 4스푼 □ 설탕 2스푼 □ 식초 3스푼 □ 매실액 2스푼 □ 다진 마늘 1/2스푼 □ 참기름 2스푼 □ 깨 1꼬집

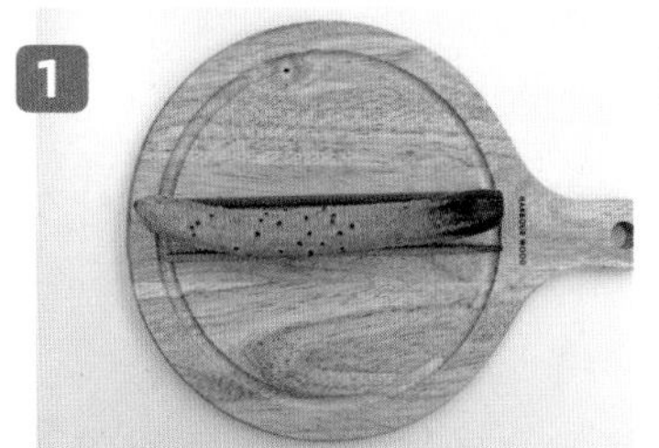

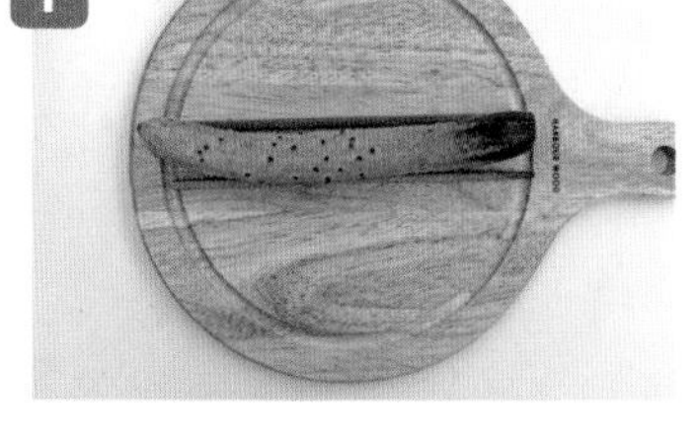

1 오이는 양쪽에 젓가락을 받치고 어슷 썰기하듯 비스듬히 칼집을 내주세요.

2 뒤집어서 똑같이 반복하여 용수철처럼 늘어나는 모양을 만들어주세요.

3 먹기 좋게 반으로 자른 다음 소금 3티스푼을 버무려서 10분간 절여주세요.

4 절인 오이는 물을 부어서 한 번 헹구고 건져서 물기를 빼주세요.

5 고춧가루 4스푼, 설탕 2스푼, 소금 1/2스푼, 식초 3스푼, 매실액 2스푼, 다진 마늘 1/2스푼, 참기름 2스푼으로 양념하여 골고루 버무려주세요.

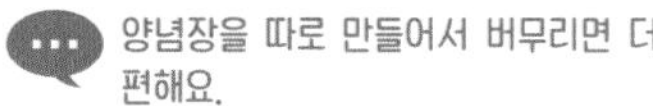

양념장을 따로 만들어서 버무리면 더 편해요.

6 얇게 썬 양파와 깨를 솔솔 뿌리면 완성입니다.

원팬 잡채

소요 시간 : 20분(불리는 시간 제외) 난이도 : 중

※ 당면이 불지 않도록 시간 조절이 중요합니다.

잔치 음식으로만 생각했던 잡채, 원팬으로 간단하게 만들 수 있답니다! 팬 하나로 뚝딱, 매일이 잔칫집처럼 느껴질 거예요.

조리 순서가 포인트! 당근은 먼저, 시금치는 나중에 넣어야 각각의 식감과 맛을 살릴 수 있어요. 채소를 넉넉히 넣으면 당면보다 더 가벼운 느낌으로 즐길 수 있고, 자투리 고추나 피망, 파프리카를 활용해도 맛있습니다. 간편하면서도 맛있는 원팬 잡채, 꼭 한번 만들어보세요!

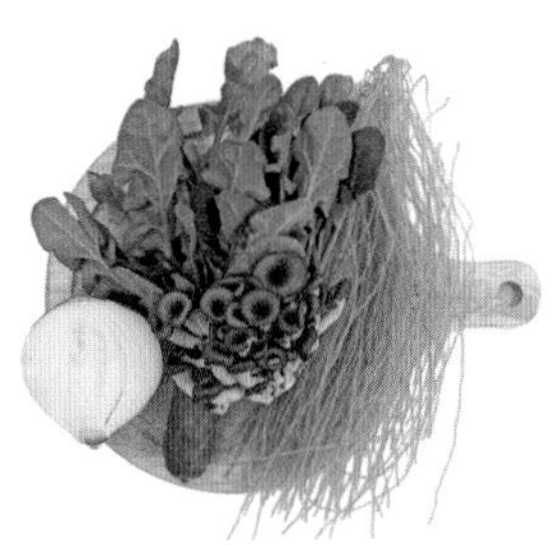

재료 준비

[재료] □ 당면 200g □ 양파 1/2개 □ 당근 1/3개 □ 버섯 2줌 □ 시금치 2줌

[양념] □ 간장 6스푼 □ 설탕 3스푼 □ 다진 마늘 1/2스푼 □ 물 300ml □ 참기름 2스푼 □ 후추 1꼬집 □ 깨 1꼬집

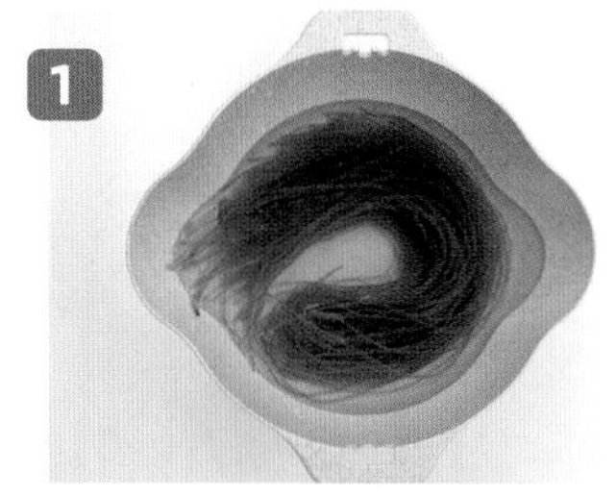

1 당면 200g을 30분 전에 물에 미리 불려주세요.

2 팬에 식용유 2스푼을 넣고 오래 익혀야 하는 양파 1/2개, 당근 1/3개를 넣어서 볶아주세요.

3 양파가 투명해지면 간장 6스푼, 설탕 3스푼, 다진 마늘 1/2스푼을 넣고 볶아주세요.

4 불려 놓은 당면과 버섯 2줌, 물 300ml를 붓고 섞어주세요.

5 바글바글 끓을 때 손질한 시금치 2줌을 넣고 뚜껑을 덮어주세요.

6 시금치의 숨이 죽으면 양념이 어느 정도 졸아들 때까지 볶아주세요. 참기름 2스푼을 넣고 맛을 본 후 싱거우면 소금 약간과 후추, 깨를 뿌려 마무리하면 완성입니다.

콩나물밥 달래 양념장

소요 시간 : 밥 짓는 시간까지 포함하여 30~40분　난이도 : 중

※ 겉보기에는 만들기 어려워 보이지만, 막상 해보면 간단하게 만들 수 있는 요리입니다.

급식실 단골 메뉴이자 입맛을 되찾아주는 콩나물밥, 간장만으로도 훌륭한 한 그릇이죠. 콩나물을 따로 데쳐 그 물로 밥을 지으면 콩나물이 덜 질기고 밥에 맛이 더 잘 배어 훨씬 맛있답니다.

만들어둔 달래장은 곤드레밥이나 굴밥에도 활용할 수 있어요. 냉장고 속 저장 반찬으로 두고 다양하게 즐겨보세요. 간단하지만 깊은 맛을 느낄 수 있는 메뉴, 꼭 한번 만들어보세요!

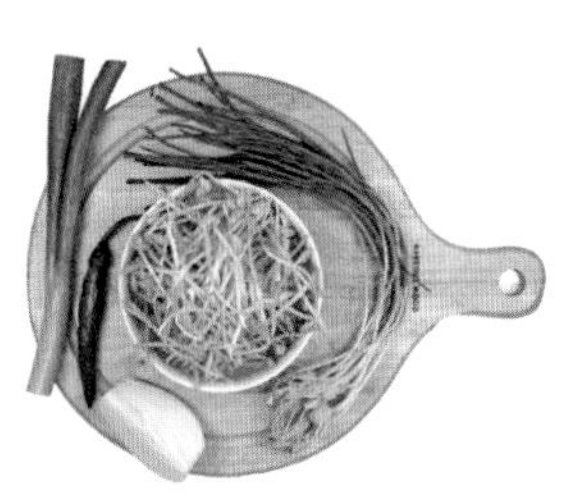

재료 준비

[재료] □ 콩나물 1/2~1봉지 □ 쌀 2컵 □ 양파 1/4개 □ 대파 1대 □ 달래 5~10뿌리 □ 청양고추 1개

[양념] □ 물 1소주컵 □ 간장 2소주컵 □ 고춧가루 1스푼 □ 매실액 2스푼 □ 액젓 1스푼 □ 참기름 4스푼 □ 깨 3스푼

1

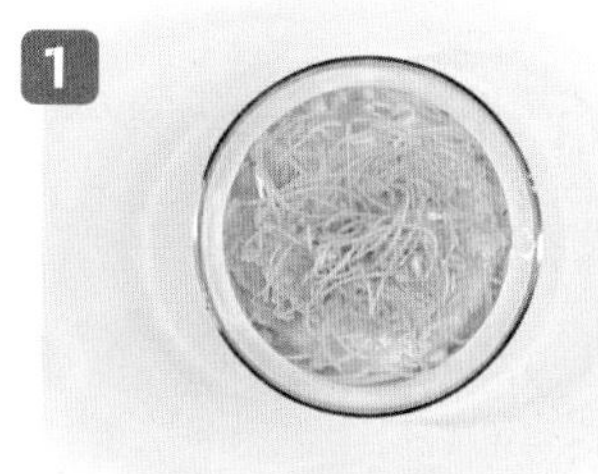

콩나물을 데친 다음 찬물에 헹궈 준비해주세요. 콩나물 삶은 물은 버리지 말아 주세요.

콩나물은 끓는 물에 4~5분 데치면 됩니다. 물이 끓은 다음 콩나물을 넣고, 뚜껑은 중간에 열지 마세요.

2

콩나물 삶은 물로 밥을 지어주세요.

3

양파 1/4개를 잘게 다진 다음 용기에 넣어주세요. 대파 1대를 잘게 썰어 넣고, 달래는 뿌리껍질을 손질해서 잘게 썰어 넣어주세요.

4

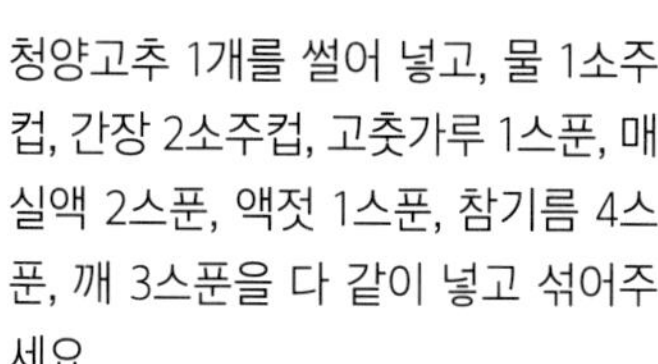

청양고추 1개를 썰어 넣고, 물 1소주컵, 간장 2소주컵, 고춧가루 1스푼, 매실액 2스푼, 액젓 1스푼, 참기름 4스푼, 깨 3스푼을 다 같이 넣고 섞어주세요.

5

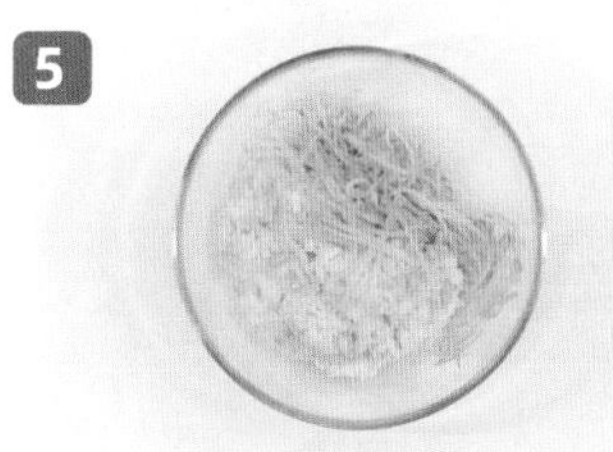

완성된 밥에 데친 콩나물을 넣어 비비거나 밥 위에 콩나물을 올려주세요.

6

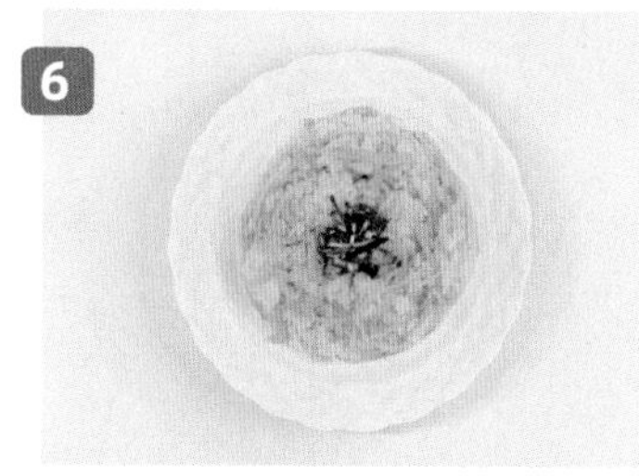

달래 양념장을 올려 비벼 먹으면 완성입니다.

셀러리 장아찌

소요 시간 : 10분(숙성 시간 제외) 

※ 불을 사용하지 않아 쉽게 만들 수 있습니다.

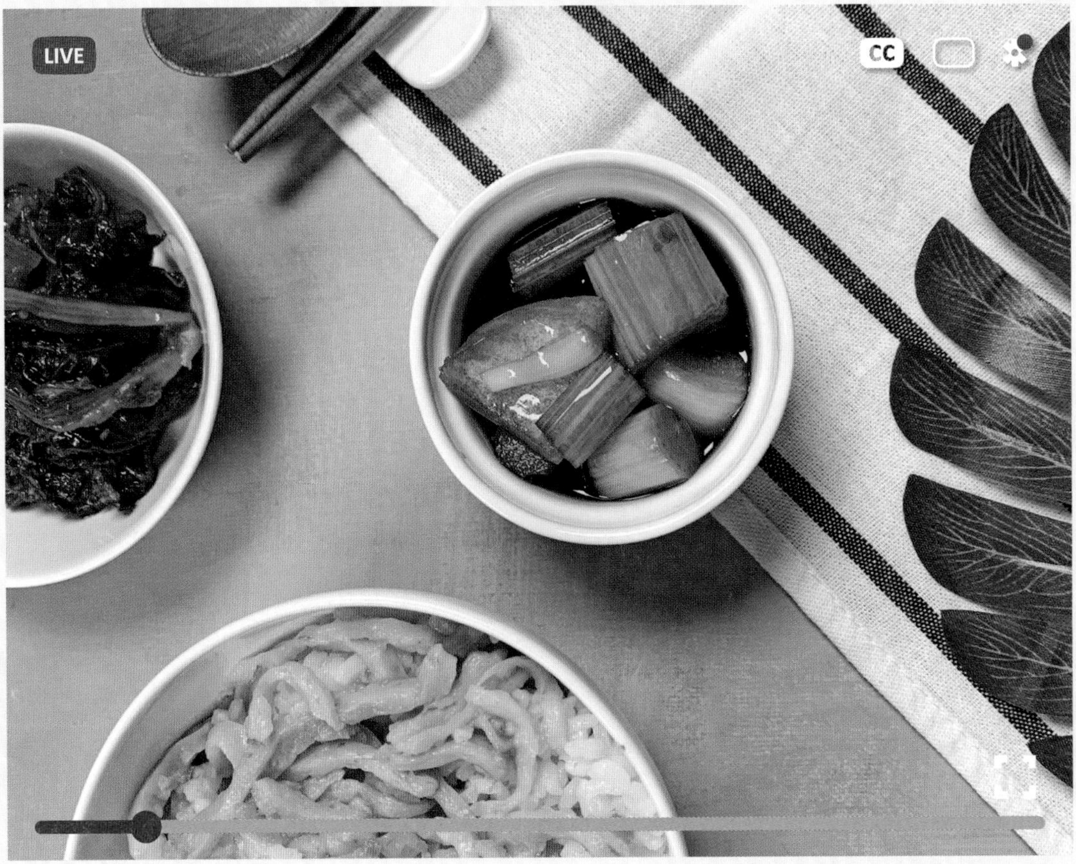

식감이 좋은 셀러리를 가지고 장아찌를 만들어봤어요. 셀러리 장아찌가 생소하게 느껴질 수도 있겠지만, 특유의 아삭거리는 식감과 향이 장아찌로 만들었을 때 은근히 잘 어울린답니다. 셀러리 장아찌는 특히 삼겹살과 같은 고기를 먹을 때 같이 먹으면 정말 맛있어요!

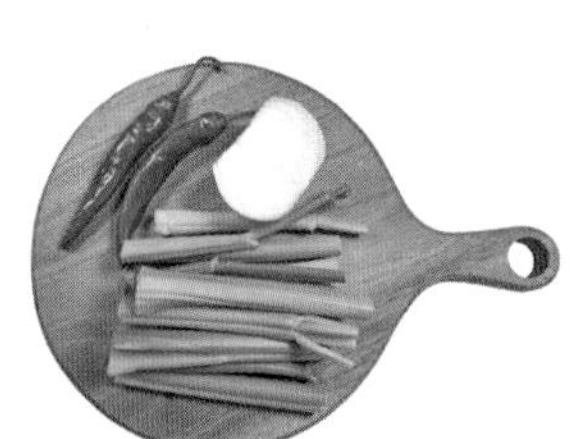

재료 준비

[재료] □ 셀러리 250g □ 청양고추 2개 □ 양파 1/2개

[양념] □ 간장 2컵 □ 식초 1컵 □ 물 2컵 □ 설탕 1컵

1 셀러리는 줄기 부분만 한입 크기로 썰어주세요.

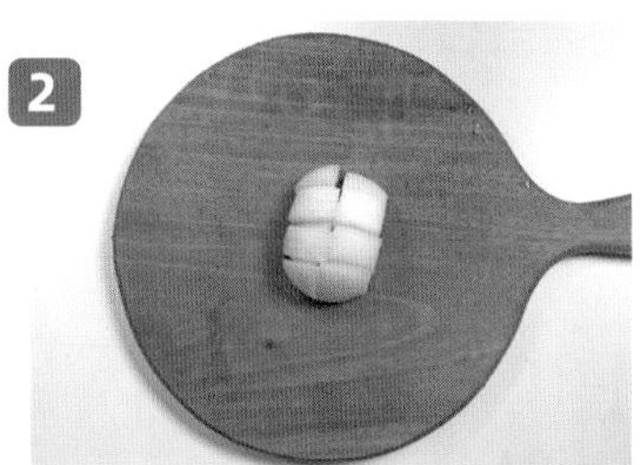

2 양파도 비슷한 크기로 썰어주세요.

3 간장 2컵, 식초 1컵, 물 2컵, 설탕 1컵을 섞은 양념장을 부어주세요. 그 후 취향에 맞게 청양고추 2~3개를 썰어 넣어주세요.

4 냉장고에 하루 이상 숙성하면 완성이에요.

Part. 8

심심한 입을 달래주는

곶감 우유

소요 시간 : 5분 난이도 : 하

※ 믹서기만 있으면 만들 수 있어 아주 쉬운 레시피입니다.

곶감 우유는 제 친구의 비밀 레시피였어요. 친구 집에 갈때마다 한 잔씩 먹었는데 곶감의 단맛과 씹히는 식감이 너무 좋았어요. 무엇보다도 어디서 먹어보지 못한 특이한 조합이라 더 맛있게 느껴졌어요. 달달하고 든든해서 아침에 이 우유 하나만으로도 충분하죠! 냉동실에 잠들어 있는 곶감이 있다면 이참에 꺼내서 만들어봐요!

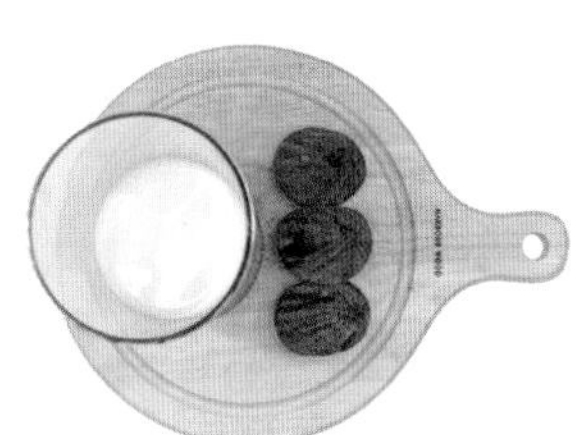

재료 준비

[재료] □ 곶감 3개 □ 우유 350ml

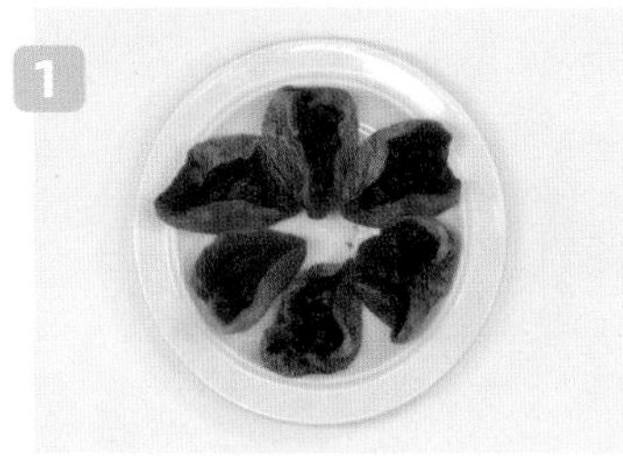

1 곶감 3개의 꼭지를 떼고 반으로 갈라서 씨를 빼주세요.

2 우유 350ml와 곶감을 믹서기에 넣고 갈아주세요. 질감은 원하는 대로, 우유를 더 첨가해가며 마시면 좋아요.

기호에 따라 꿀을 첨가해 먹으면 더 맛있어요.

곶감 크림치즈

소요 시간 : 10분 난이도 : 하

※ 불을 쓰지 않고 칼도 없이 만들 수 있는 간단한 요리입니다.

추석 선물로 받으면 다음 해 추석까지 냉동실에 잠들어 있곤 하는 곶감으로 이 요리를 만들어 보는 건 어떤가요? 새콤한 크림치즈와 달달한 곶감의 조합, 한 번 먹으면 이번 추석 땐 아마 더 기쁜 마음으로 곶감 선물을 받게 되실 거예요!

곶감 크림치즈는 만들 때 넉넉하게 만들어서 공병에 담아 뒀다가 토스트에 먹으면 든든해서 좋고, 달달 고소하니 크래커 같은 과자에 발라 먹어도 잘 어울립니다. 안주로도, 손님 대접용으로도 좋은 핑거푸드를 만들 수 있는 마법의 크림치즈! 지금 만들어봐요.

재료 준비

[재료] □ 곶감 3개 □ 크림치즈 150g □ 견과류 1/2줌

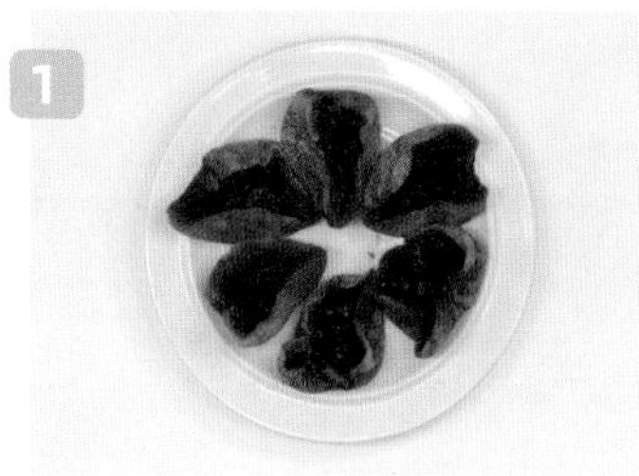

곶감 3개는 꼭지를 떼고 반으로 갈라서 씨를 빼고 다져주세요.

가위로 썰면 씹히는 식감을 더 느낄 수 있어요.

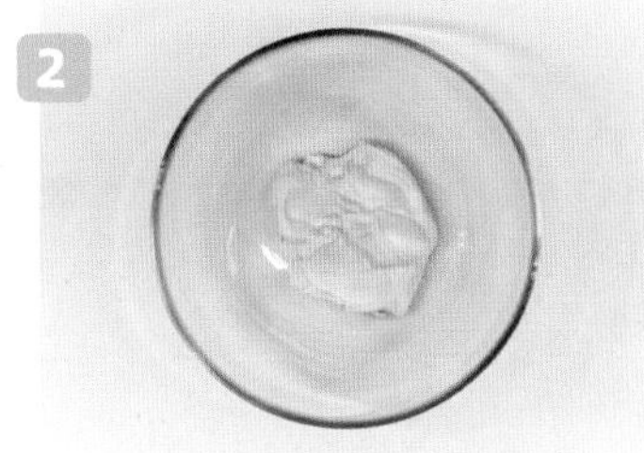

실온에 둔 크림치즈 150g을 용기에 넣고 풀어주세요.

다진 곶감을 넣어주세요.

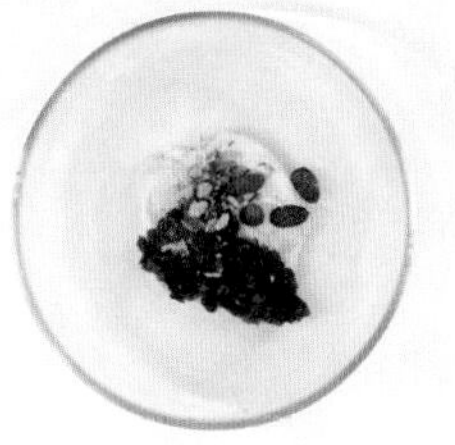

견과류 한 줌(아몬드나 땅콩 15개 정도)을 다져 넣어주세요.

좀 더 씹히는 식감을 좋아하면 통째로 넣어도 좋아요.

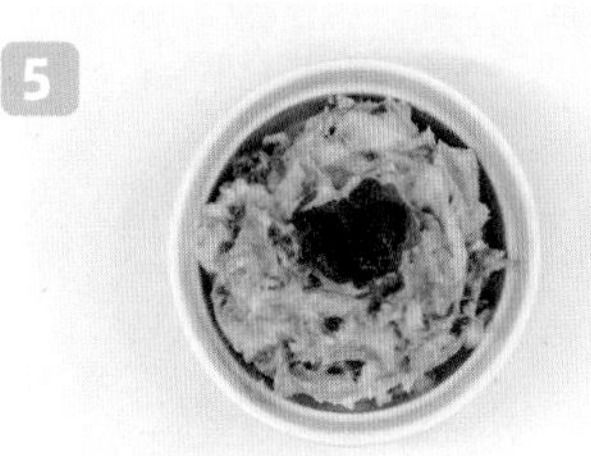

잘 섞으면 완성입니다. 바삭하게 구운 빵에 발라 드세요.

UFO 피자만두

소요 시간 : 30분 난이도 : 중

※ 만두소의 양 조절과 굽는 조리 과정이 필요합니다.

모양이며 맛이며 이렇게 귀여운 만두를 보신 적이 있으세요? 간식으로도 술안주로도 더할 나위 없는 새콤달콤 피자빵 만두입니다. 피자 토스트 대신 이 만두형 피자를 만들어보세요. 식빵보다 얇고 바삭한 만두피의 식감도 일품이고, 토핑이 드러나지 않는 겉모양이 보기 좋을 뿐 아니라 먹기도 편하답니다. 피자 토스트의 최대 난점인 치즈를 골고루 녹일 수 있다는 장점까지! 귀여운 UFO 모양에 한 번 반하고, 그 맛에 한 번 더 반하실 거예요.

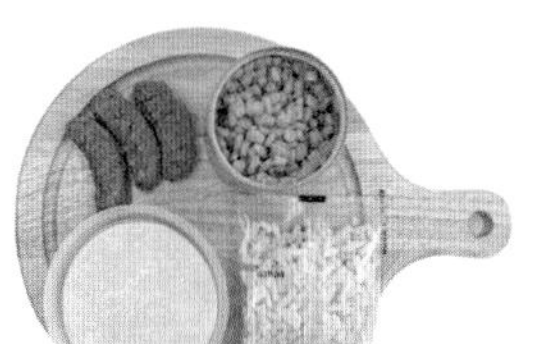

재료 준비

[재료] □ 만두피 6장 □ 피자치즈 70g □ 캔 옥수수 5스푼 □ 햄이나 소시지 2~3개

[양념] □ 파스타 소스 3큰술 □ 소금 1꼬집 □ 설탕 1티스푼 □ 후추 1꼬집

1 피자치즈 1팩(70g)에 옥수수 5스푼을 넣고, 햄이나 소시지도 잘라 넣어주세요. 여기에 파스타 소스 3큰술, 소금과 후추 약간, 설탕 1티스푼을 넣고 섞어주세요.

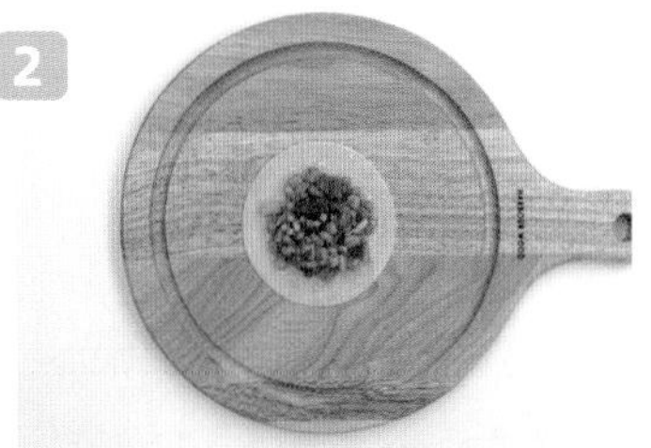

2 만두피 가장가리에 물을 둘러가며 묻힌 다음 가운데에 만들어둔 토핑을 2스푼 올려주세요.

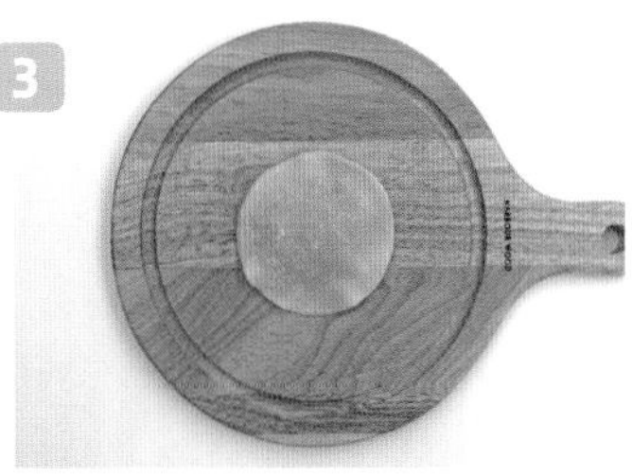

3 또 다른 만두피 가장자리에 물을 묻힌 다음 토핑을 넣어둔 만두피를 덮고 꾹꾹 눌러 달라붙게 해주세요.

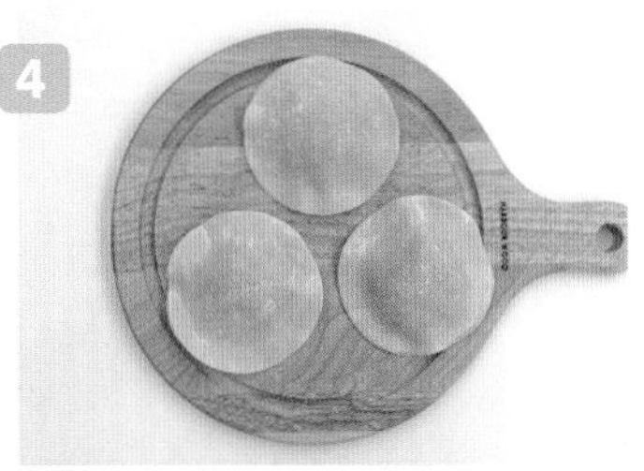

4 같은 방법으로 원하는 만큼의 UFO 만두를 만들어주세요.

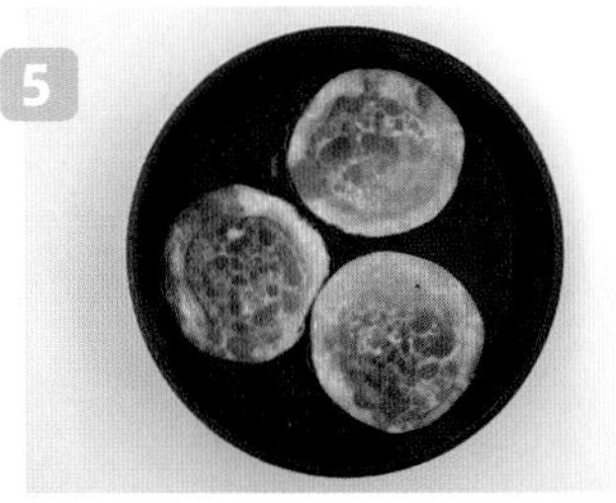

5 기름을 넉넉하게 두른 팬에 만두를 올리고 중불에서 구우면 완성이에요.

파스타 피자스틱

소요 시간 : 15분　난이도 : 중

※ 파스타를 삶기만 하면 그 후부터는 간단하게 만들 수 있는 레시피입니다.

파스타와 피자의 맛을 한번에 즐길 수 있어서 좋은 음식이에요. 파스타의 면과 피자의 토핑이 조화롭게 어우러져 부드럽고 고소한 맛을 느낄 수 있답니다.

저는 토마토소스를 사용했지만 크림소스를 사용하거나 토핑으로 페퍼로니, 새우 등을 추가하면 또 다른 매력을 느낄 수 있어요. 다양한 토핑을 올려서 나만의 파스타 피자스틱을 만들어보세요!

재료 준비

[재료] □ 펜네 파스타 1줌 □ 소시지 1개 □ 올리브 1알 □ 모차렐라치즈 1줌

[양념] □ 토마토소스 1스푼

1 파스타를 끓는 물에 삶아주세요. 봉지에 적힌 조리 시간보다 2분 덜 삶아주세요.

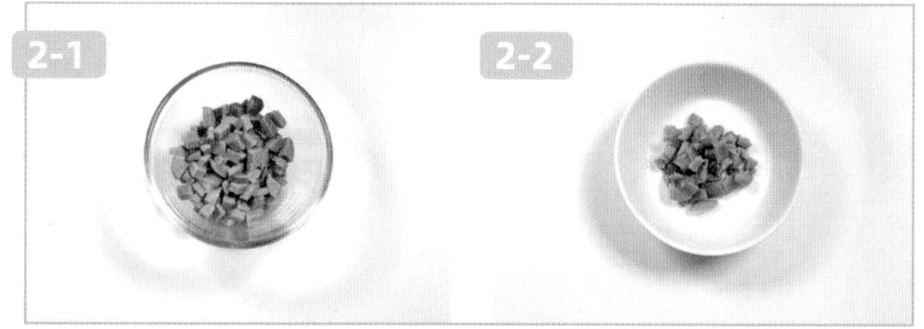

2-1 2-2 소시지 1개와 올리브 1개를 작게 썰어주세요.

3 파스타를 꼬치에 5~6개씩 꽂아주세요.

4 그 위에 토마토소스를 뿌려주세요.

5 햄과 올리브를 그 위에 뿌려주세요.

6 모차렐라치즈를 가득 뿌려주세요.

7 에어프라이어 180도에서 8분간 굽거나 오븐 180도에서 10분간 구우면 완성이에요.

콘치즈 토스트

소요 시간 : 10분　난이도 : 중하

※ 어려운 조리 과정은 없지만, 뜨거운 내열 그릇을 꺼낼 때 주의가 필요합니다.

쿠키 컵처럼 재미있는 아이디어에서 탄생한 그릇된 콘치즈! 식빵을 그릇 모양으로 만들어 콘치즈를 담으니 흘러내릴 걱정도 없고, 들고 먹기 편해서 아이들도 좋아하더라고요.

취향에 따라 식빵에 잼, 케첩, 머스타드를 발라 변화를 주고, 자투리 햄이나 소시지를 더하면 더 풍성한 맛을 즐길 수 있어요. 간단하면서도 재미있고 맛있는 아이디어, 꼭 한번 만들어보세요!

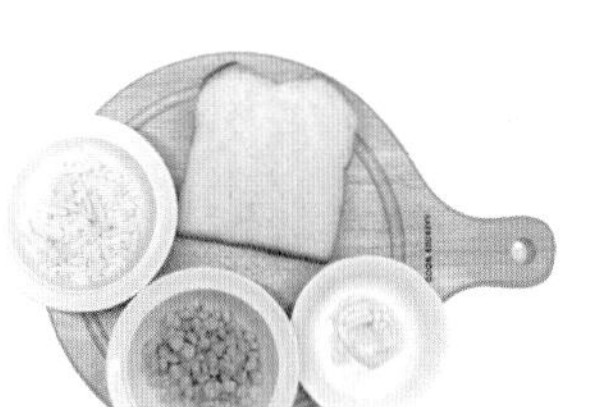

재료 준비

[재료] □ 식빵 1장 □ 캔 옥수수 3스푼 □ 모차렐라치즈 3스푼

[양념] □ 마요네즈 2스푼 □ 설탕 1스푼 □ 후추 □ 파슬리가루 1꼬집 □ 소금 1꼬집

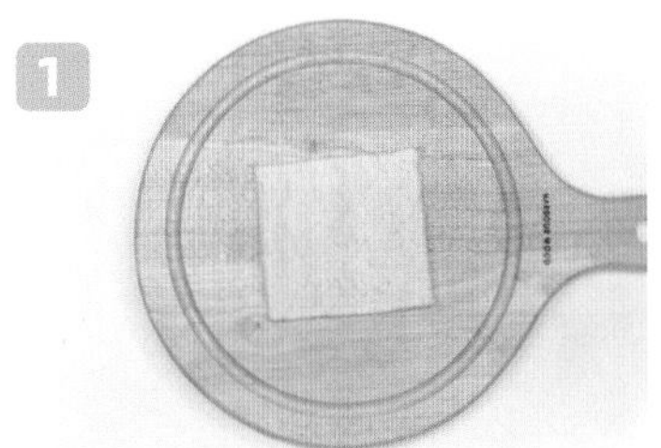

1 식빵은 테두리를 자르고 밀대로 납작하게 밀어서 준비해주세요.

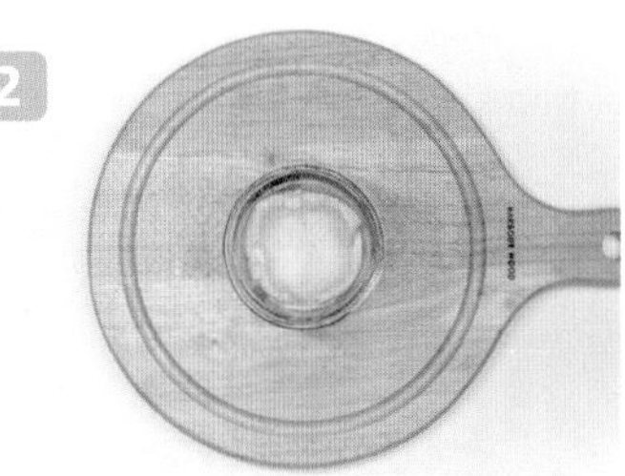

2 식빵을 내열용기에 넣고 그릇 모양을 잡아주세요.

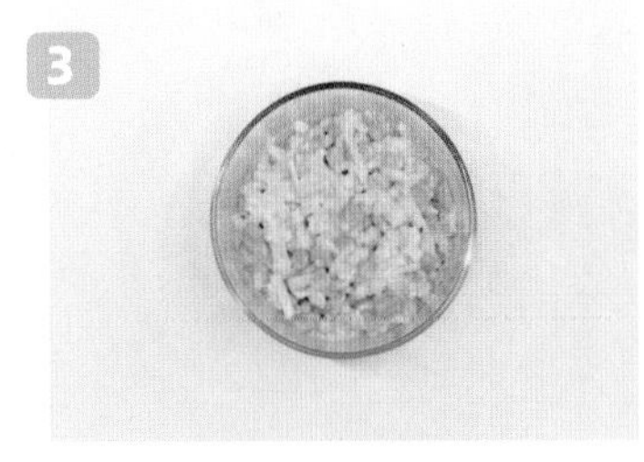

3 캔 옥수수 3스푼, 모차렐라치즈 3스푼, 마요네즈 2스푼, 설탕 1스푼, 소금 한 꼬집을 넣고 잘 섞어 속을 준비해주세요.

캔 옥수수는 한 번 헹궈서 보존제를 씻은 후, 물기를 살짝 빼서 준비하면 좋아요.

양파를 다져 넣으면 식감과 맛이 더 좋아요.

4 준비해둔 식빵 위에 만든 속을 올리고 오븐이나 에어프라이어 185도에서 10분 동안 돌려주세요.

적당한 용기나 에어프라이어가 없다면 미리 구운 식빵에 같은 재료를 올리고 랩이나 뚜껑을 씌워서 전자레인지에 2분 돌리면 됩니다.

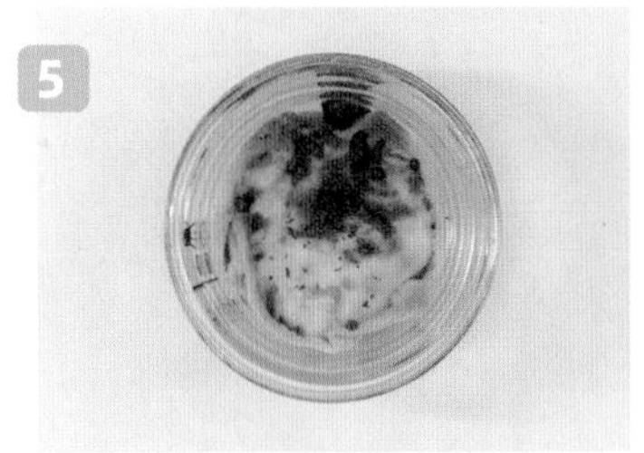

5 취향에 따라 파슬리가루나 후추 등을 뿌려 마무리하면 완성입니다.

바로 빼지 말고 식힌 다음에 그릇에서 빼면 더 잘 빠져요.

화산 토스트

소요 시간 : 15분 난이도 : 중

※ 빵이 찢어지지 않게 구워야 해서 주의가 필요합니다.

주말 아침으로 프렌치토스트, 너무 좋죠. 그런데 프렌치토스트가 초코맛이라면 더 좋을 거예요. 만약 초코맛 토스트에 크림치즈를 곁들인다면 더더욱 좋겠죠?

맛도 맛이지만, 잘랐을 때 화산처럼 흘러내리는 크림치즈소스의 비주얼이 이 음식의 매력을 한층 올려줍니다. 가끔씩 이렇게 달콤한 브런치로 당 충전을 제대로 하면 힘도 나고 기분도 좋아질 거예요. 적신 빵이라 생각보다 잘 찢어지니 주의해서 만드세요!

[재료] □ 식빵 2장 □ 계란 1개

[양념] □ 코코아 파우더 2스푼 □ 버터 2스푼 □ 크림치즈 2스푼 □ 우유 1/2컵과 2스푼 □ 연유 또는 설탕 2스푼

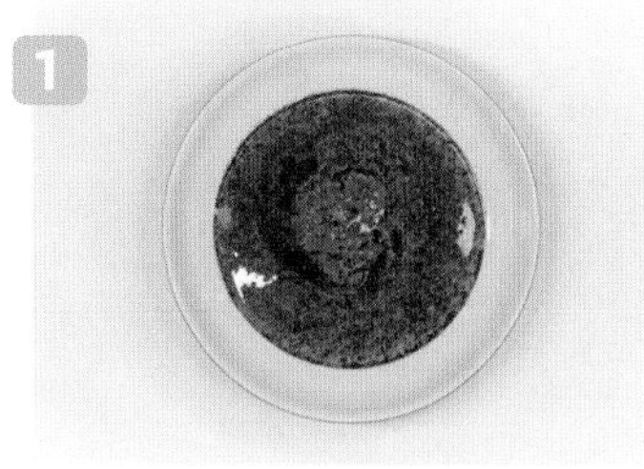

계란 1개, 우유 1/2컵, 코코아 파우더 1스푼을 섞어서 계란물을 만들어주세요.

식빵 2장을 충분히 적셔주세요.

팬에 버터 1스푼을 넣고 적신 식빵을 약불에서 굽다가, 뒤집을 때 버터를 1스푼 더 추가해주세요.

크림치즈 2스푼, 우유 2스푼, 연유 또는 설탕 2스푼을 넣고 전자레인지에서 20초간 돌려 소스를 만들어주세요.

프렌치토스트 중간을 숟가락으로 눌러 오목하게 만들어주세요.

만들어둔 소스를 부은 다음 코코아파우더를 뿌려 마무리해주세요.

칼로 잘라서 흐르는 크림에 찍어 먹으면 완성입니다. 연유를 사선으로 뿌려서 먹어도 좋아요.

초간단 사과파이

소요 시간 : 20분(발효시간 제외)  난이도 : 중

※ 불 사용이 없어 어렵지 않게 만들 수 있습니다.

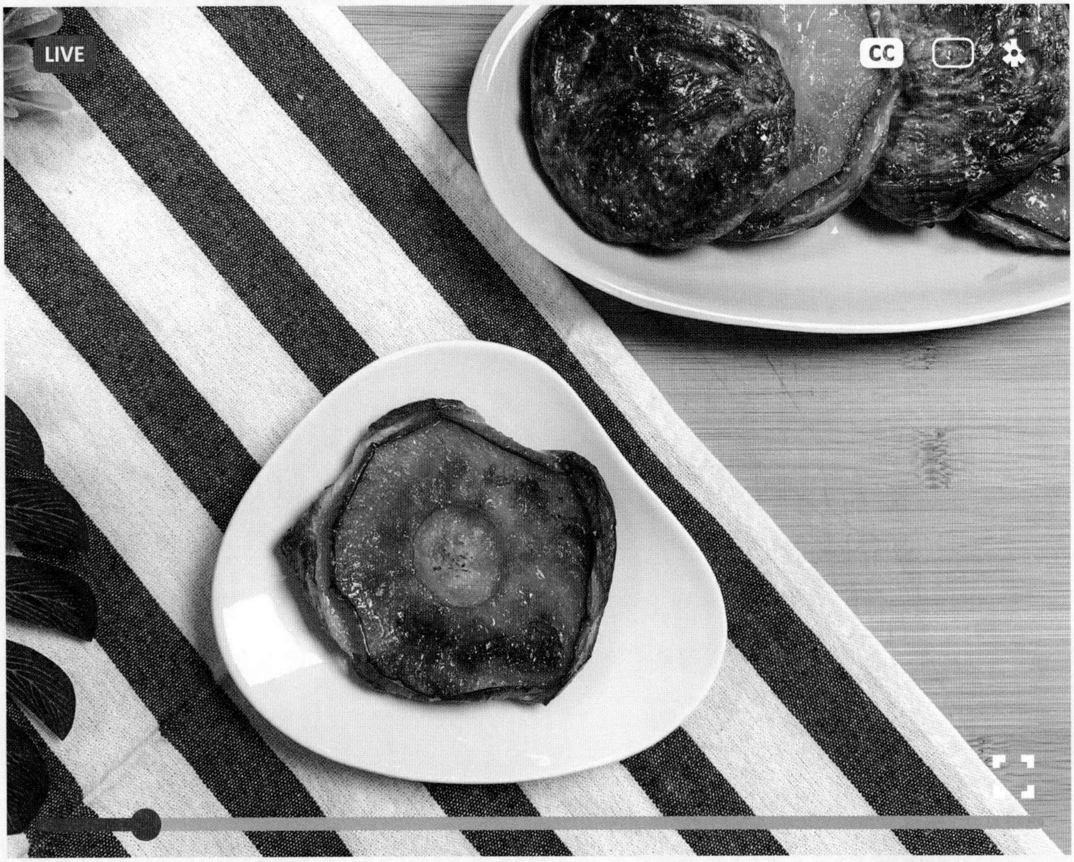

크루아상의 바삭함과 사과의 상큼함, 설탕의 달달함, 시나몬의 향까지 더해진, 저의 최애 디저트랍니다. 생지가 쫀쫀해서 모양 잡는 부분만 신경 쓰면, 사과와 시나몬의 조합이 기가 막히고 사과의 과즙을 그대로 느낄 수 있어서 먹을 때마다 감탄사를 연발할 거예요.

재료 준비

[재료] □ 크루아상 냉동 생지 5개 □ 사과 1개 □ 계란 1개

[양념] □ 흑설탕 또는 황설탕 1/2스푼 □ 시나몬 파우더 1스푼

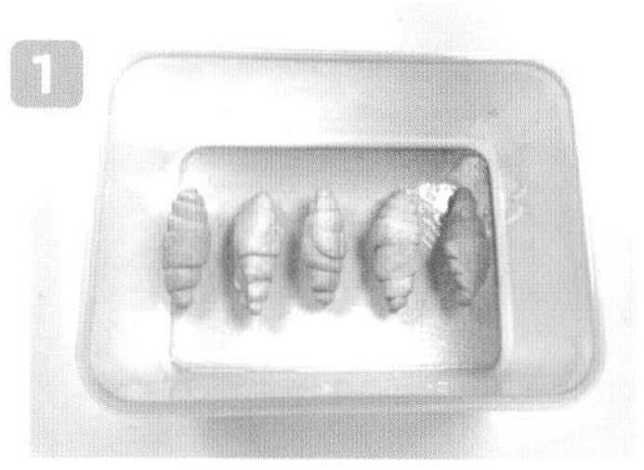

1 냉동 상태의 크루아상 생지를 밀폐용기에 담아 실온에서 2~3시간 동안 해동해주세요.

2 사과를 가로 방향 1㎝ 두께로 슬라이스하고 병뚜껑이나 커터로 씨 심지를 파주세요.

3 발효된 반죽을 둥글게 만들어주세요.

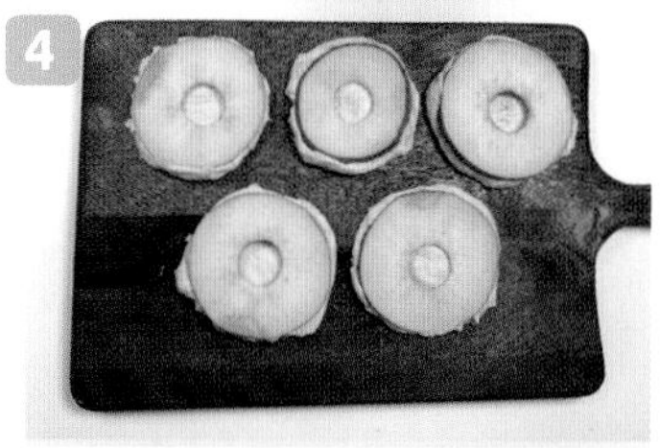

4 사과를 발효된 생지 반죽에 붙여주세요(한쪽 면에만 붙이면 됩니다).

5 계란 1개를 풀어서 계란물을 만든 다음 반죽을 뒤집어서 계란물을 발라주세요.

6 발효된 반죽을 둥글게 만들어주세요.

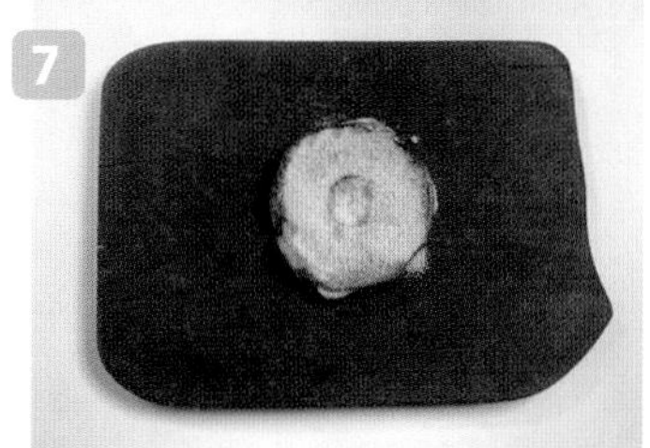

7 사과 면에 설탕 1/2스푼과 시나몬 파우더를 약간 뿌리고 200도에서 8분간 구워주세요.

8 휘핑크림이나 그릭요거트를 올리고 그래놀라와 같이 먹으면 완성이에요.

사과 꽃 푸딩

소요 시간 : 20분 난이도 : 하

※ 어려운 과정 없이 쉽게 만들 수 있는 요리입니다.

LIVE CC

눈길을 사로잡는 디저트를 원하신다면 사과꽃 푸딩을 추천합니다! 간단한 재료로 예쁜 푸딩을 만들 수 있고, 젤라틴이 없다면 따뜻한 차를 부어 사과 꽃차로 즐겨도 좋아요. 과일을 다 먹지 못해 고민인 1~2인 가구에게도 딱인 레시피랍니다. 버리기 아까운 과일로 건강과 여유를 함께 챙겨보세요!

재료 준비

[재료] □ 사과 2개 □ 판 젤라틴 3장(6g) □ 사과 주스 100ml

1 판 젤라틴 3장(6g)을 찬물에 미리 넣어서 10분간 불려주세요.

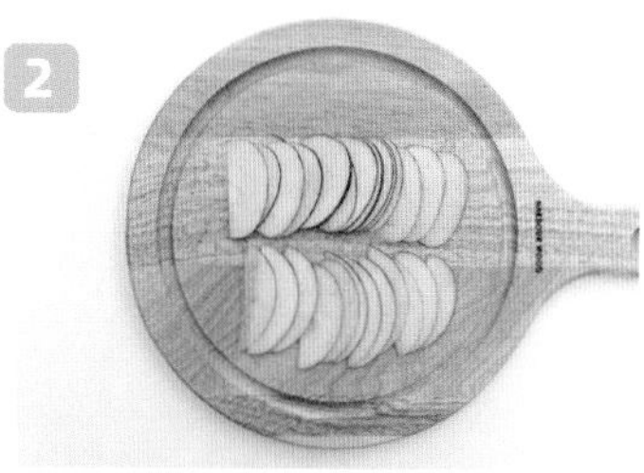

2 사과는 심지까지 자른 다음 감자칼로 얇게 슬라이스해주세요.

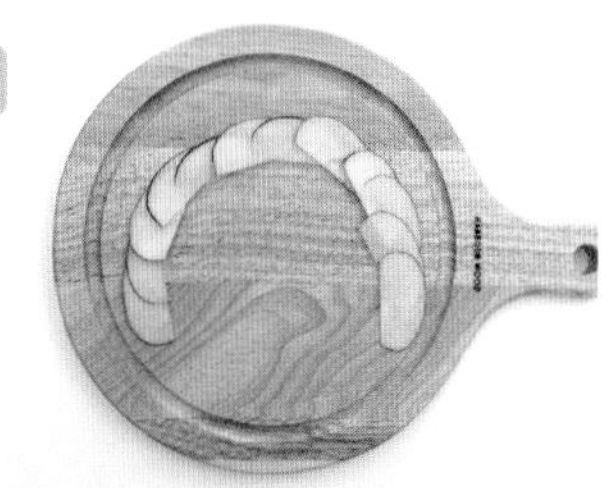

3 사과를 전자레인지에서 50초간 돌려서 숨을 살짝 죽이고 도마에 겹치도록 펼쳐주세요.

4 돌돌 말아서 꽃 모양을 만들어주세요.

5 사과 주스 100ml를 전자레인지에서 45초간 돌려주세요.

6 불려둔 젤라틴을 꽉 짜서 물기를 제거한 후 데운 사과 주스에 넣어 녹여주세요.

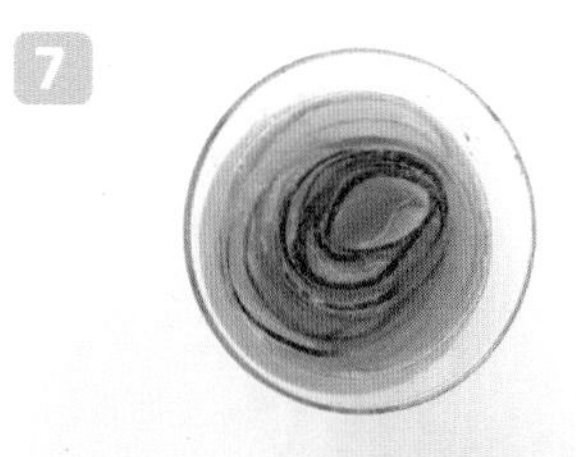

7 사과 꽃을 컵에 담고 젤라틴을 녹인 주스를 부어주세요. 냉장고에서 4시간 동안 굳히면 완성입니다.

베이컨 육포

소요 시간 : 30분 난이도 : 하

※ 어려운 과정 없이 쉽게 만들 수 있는 요리입니다.

바쁜 일상 속에서 짬을 내어 간단히 즐길 수 있는 간식, 베이컨 육포입니다. 베이컨을 에어프라이어로 바삭하게 만들면 짭짤하고 풍부한 맛의 육포가 됩니다. 간편하게 만들어 모임이나 여행길의 간식으로 먹어도 좋아요. 집에서 쉽게 만들 수 있는 베이컨 육포로 언제 어디서나 배를 채우세요.

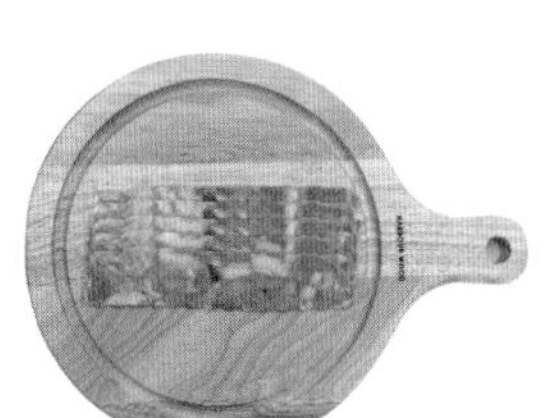

재료 준비

[재료] □ 베이컨 5줄

[양념] □ 올리고당 3스푼 □ 후추 1꼬집

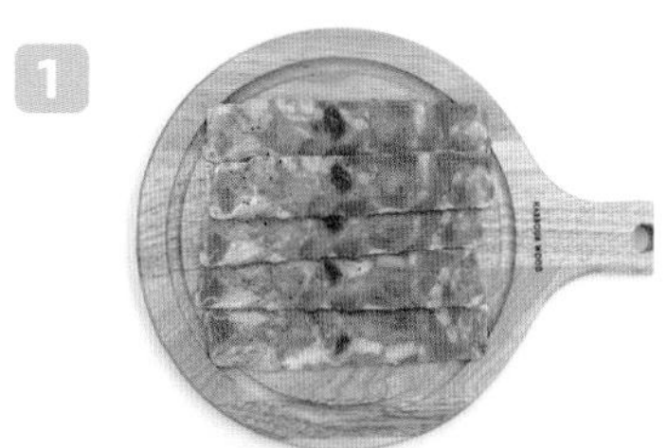

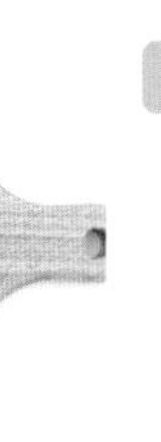

1 베이컨을 도마에 겹치지 않게 깔고 올리고당을 바른 다음 후추를 적당히 뿌려주세요.

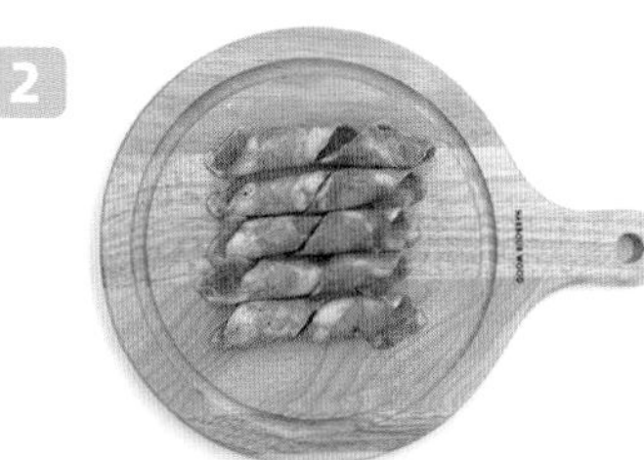

2 반대쪽도 똑같이 반복해주세요. 대량으로 만들 때는 이렇게 한 번 꼬아서 꽈배기 모양으로 만들면 부피가 줄어 대량으로 만들 수 있습니다.

3 펼쳐서 만드는 경우 에어프라이어 140도에서 13분, 꽈배기 모양으로 만드는 경우 140도에서 18분간 구우면 완성입니다.

치즈크러스트 토르티야

소요 시간 : 20분 난이도 : 중

※ 생각보다 토르티야가 잘 찢어져서 주의가 필요합니다.

간단한 재료와 조리법으로 누구나 쉽게 만들 수 있는 요리이면서, 맛과 식감은 절대 평범하지 않습니다. 토르티야의 바삭함과 치즈의 고소한 맛이 어우러져 완벽한 조합을 선보입니다. 집에서도 쉽게 레스토랑 수준의 맛을 낼 수 있어, 바쁜 일상 속에서도 특별한 식사를 원하는 분들에게 안성맞춤이랍니다.

재료 준비

[재료] □ 토르티야 1장 □ 스트링치즈 4개 □ 캔 옥수수 2스푼 □ 소시지 2개
□ 모차렐라치즈 2줌

[양념] □ 토마토소스 2스푼

1 토르티야 모서리에 스트링치즈를 올리고 모서리를 말아주세요. 그 다음 이쑤시개 또는 파스타면을 꽂아 고정시킵니다.

2 토마토소스를 발라주세요.

3 캔 옥수수 2스푼과 얇게 자른 소시지, 모차렐라치즈를 올려주세요. 그 다음 에어프라이어 180도에서 5분, 또는 전자레인지에서 2분간 돌려주세요.

4 이쑤시개를 제거한 다음 먹기 좋게 자르면 완성입니다.

나폴리탄 볶음라면

소요 시간 : 20분 난이도 : 하

※ 볶음라면 만드는 과정과 비슷해서 쉽게 만들 수 있는 레시피입니다.

나폴리탄 파스타를 응용한 나폴리탄 볶음라면입니다. 이탈리아 사람들이 본다면 뒷목을 잡을 수도 있겠지만 뭐 어때요, 맛만 있으면 되는 거 아닌가요?

다만 케첩을 싫어하는 분들에게는 권하지 않아요. 나폴리탄에는 반드시 케첩이 들어가야 하니까요. 먹어보면 어쩐지 삼삼하니 어린 시절이 떠오를 맛이랍니다.

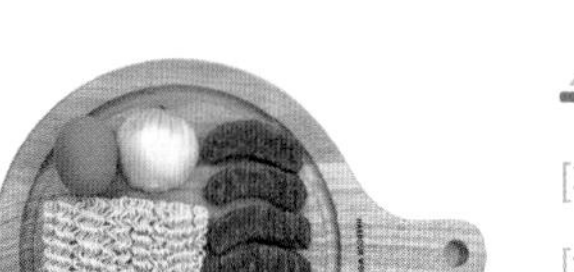

재료 준비

[재료] □ 숯불 향 소시지 6개 □ 계란 1개 □ 라면 사리 1개 □ 양파 1/2개

[양념] □ 다진 마늘 1스푼 □ 케첩 4스푼 □ 마요네즈 1스푼 □ 후추 1꼬집 □ 굴소스 1스푼(선택)

1

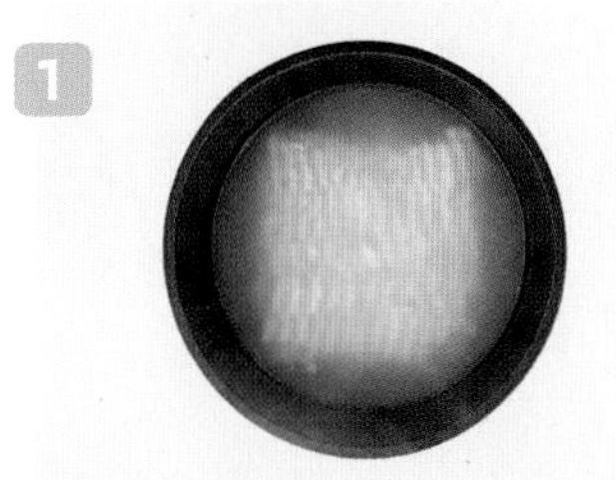

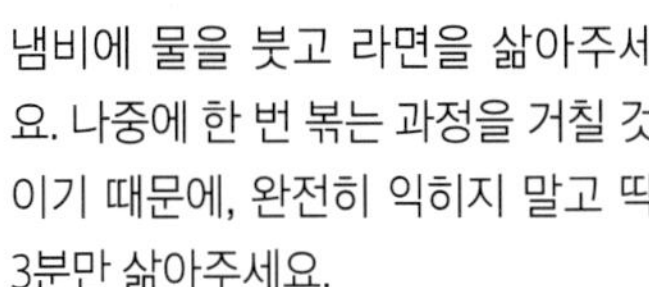

냄비에 물을 붓고 라면을 삶아주세요. 나중에 한 번 볶는 과정을 거칠 것이기 때문에, 완전히 익히지 말고 딱 3분만 삶아주세요.

2

면을 건져서 물기를 빼주세요. 면이 풀어져서 심하게 꼬들꼬들하다 싶은 상태가 좋습니다.

3

팬에 기름을 2스푼 정도 두르고, 다진 마늘 1스푼을 달달 볶아줍니다. 볶다가 양파 1/2개를 얇게 채썰어서 같이 볶아주세요.

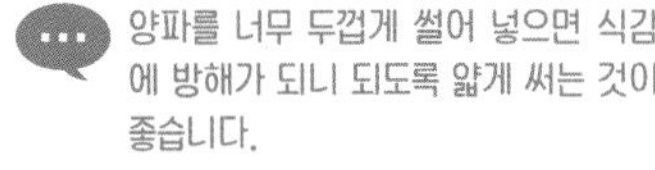

양파를 너무 두껍게 썰어 넣으면 식감에 방해가 되니 되도록 얇게 써는 것이 좋습니다.

4

소시지를 적당한 크기로 잘라서 같이 볶아주세요.

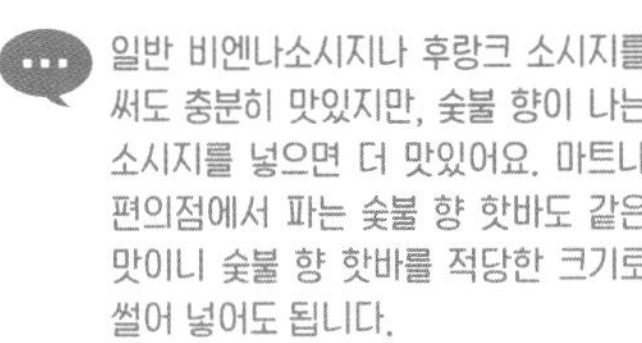

일반 비엔나소시지나 후랑크 소시지를 써도 충분히 맛있지만, 숯불 향이 나는 소시지를 넣으면 더 맛있어요. 마트나 편의점에서 파는 숯불 향 핫바도 같은 맛이니 숯불 향 핫바를 적당한 크기로 썰어 넣어도 됩니다.

5

양파가 숨이 살짝 죽을 때쯤 삶아놓은 면을 넣어주세요. 그리고 케첩 4스푼, 마요네즈 1스푼, 면수 1국자를 넣고 볶아주세요.

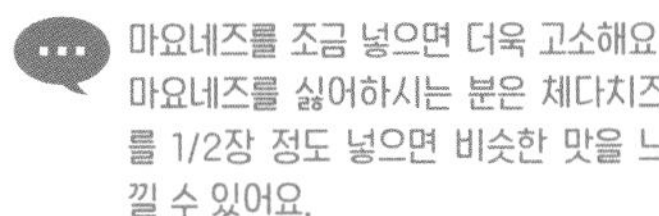

마요네즈를 조금 넣으면 더욱 고소해요. 마요네즈를 싫어하시는 분은 체다치즈를 1/2장 정도 넣으면 비슷한 맛을 느낄 수 있어요.

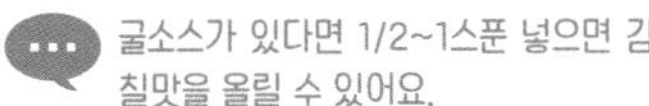

굴소스가 있다면 1/2~1스푼 넣으면 감칠맛을 올릴 수 있어요.

6

면이 완전히 익을 때까지 소스를 버무리며 잘 볶으면 완성입니다. 후추를 뿌려서 마무리해주세요.

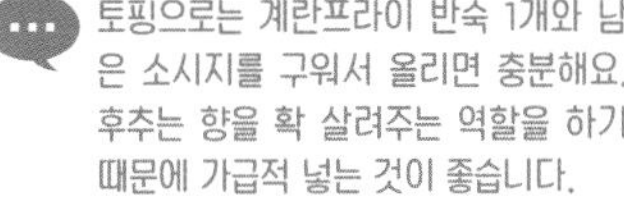

토핑으로는 계란프라이 반숙 1개와 남은 소시지를 구워서 올리면 충분해요. 후추는 향을 확 살려주는 역할을 하기 때문에 가급적 넣는 것이 좋습니다.

콜라 떡볶이

소요 시간 : 20분 난이도 : 하

※ 준비 과정이 필요하지 않고 재료 준비가 간단합니다.

비법 소스만 알고 있으면 이보다 더 쉬운 떡볶이 레시피는 없습니다! 그 비법 소스는 바로 콜라입니다. 다른 재료 없이 콜라만 있어도 간단하게 만들 수 있는데요. 콜라 향이 날 것 같지만 끓이면서 콜라 향은 다 날아가고 달달한 맛만 남아서 좋답니다. 이 레시피만 알고 있으면 1일 1떡볶이도 꿈만은 아니게 될 거예요.

재료 준비

[재료] □ 떡 15~20개 □ 어묵 2장 □ 콜라 250ml □ 체다치즈 2장

[양념] □ 고추장 2큰술 □ 물 1컵

1 팬을 중불로 달군 다음 떡 15~20개와 어묵 2장을 넣어주세요. 어묵은 먹기 편한 크기로 자르면 됩니다.

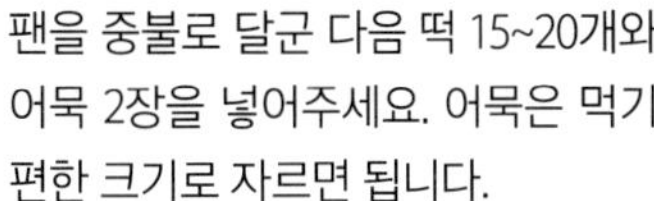

2 물 1컵, 콜라 250ml, 고추장 2큰술을 넣어주세요.

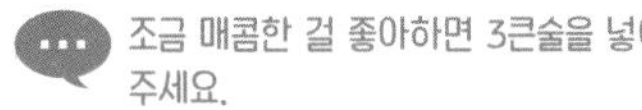

조금 매콤한 걸 좋아하면 3큰술을 넣어주세요.

3 양념이 잘 섞이도록 섞어주세요. 소스의 수분이 다 날아가서 꾸덕꾸덕해지면 완성입니다.

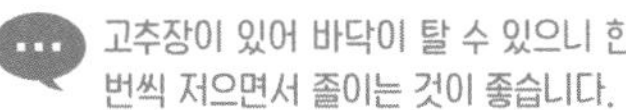

고추장이 있어 바닥이 탈 수 있으니 한 번씩 저으면서 졸이는 것이 좋습니다.

라이스페이퍼 누들볶이

소요 시간 : 30분 난이도 : 중

※ 라이스페이퍼를 감싸는 요령이 필요합니다.

떡볶이의 맛은 그대로 유지하고 싶지만, 떡의 식감은 조금 달라졌으면 하는 분들에게 추천하는 요리입니다. 취향에 따라 선택한 토핑들을 라이스페이퍼에 말아서 먹는 방식이에요. 라이스페이퍼 특유의 가볍고 부드러운 식감이 느껴지고, 다양한 토핑들이 입안 가득 풍성한 맛을 느끼게 해줍니다.

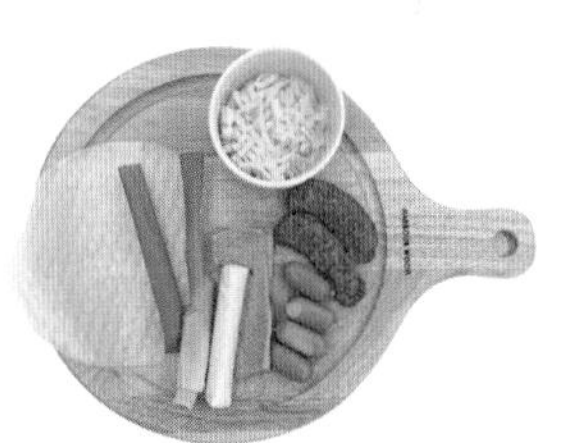

재료 준비

[재료] □ 라이스페이퍼 10장 □ 어묵 1/4장 □ 스트링치즈 1개 □ 모차렐라치즈 2줌 □ 숯불 향 소시지 2개 □ 비엔나 소시지 4개 □ 대파 1/2대

[양념] □ 다진 마늘 1/2스푼 □ 설탕 2스푼 □ 고춧가루 2스푼 □ 간장 1.5스푼 □ 고추장 1스푼 □ 물 400ml □ 후추 1꼬집

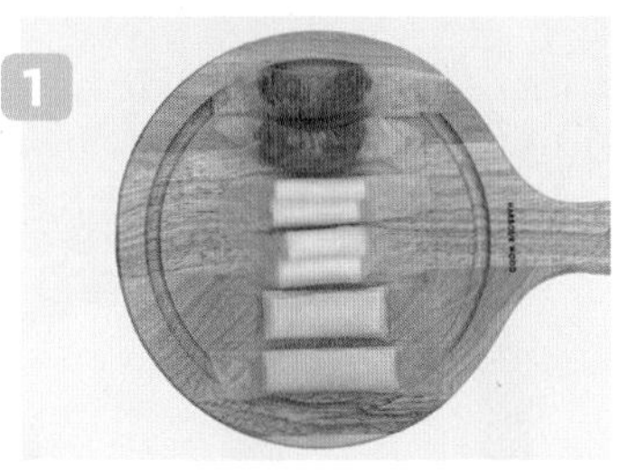

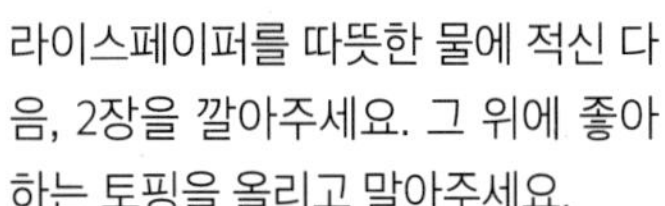

1 라이스페이퍼를 따뜻한 물에 적신 다음, 2장을 깔아주세요. 그 위에 좋아하는 토핑을 올리고 말아주세요.

저는 아래와 같이 토핑을 넣었습니다!
1. 어묵 1/4장, 콘옥수수 2스푼
2. 스트링치즈 1줄
3. 숯불 향 소시지 1개
4. 비엔나 소시지 + 모차렐라치즈 1/2줌
5. 숯불 향 소시지 1개 + 모차렐라치즈 1/2줌

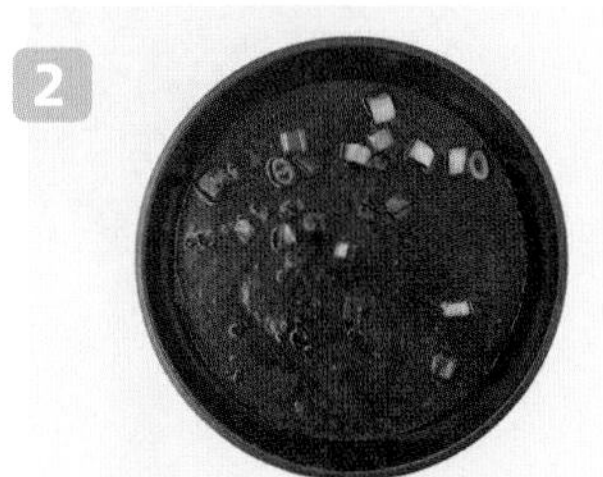

2 설탕 2스푼, 고춧가루 2스푼, 간장 1.5스푼, 고추장 1스푼, 물 400ml를 넣어서 양념을 만들어주세요. 팬에 다진 마늘 1/2스푼, 대파 1/2대를 썰어서 넣고 볶다가 만들어둔 양념을 부어주세요.

3 팔팔 끓으면 토핑들을 넣어주세요.

4 라이스페이퍼가 퍼지지 않게 3~5분 정도 끓여주세요.

5 후추와 치즈를 뿌려서 마무리하면 완성입니다.